ZHIYE QIANSHUIYUAN
XINLI JIANKANG YU WEIHU

职业潜水员
心理健康与维护

主　编　戴家隽
副主编　王佳丽　姜正林　刘秀华

人民交通出版社股份有限公司
China Communications Press Co.,Ltd.

内 容 提 要

本书是为职业潜水员编写的一本心理健康科普指导书，将心理学知识与潜水员的职业特点相结合，力求做到科学性、易读性、针对性和实效性的统一，为潜水员心理健康教育提供参考。希望能给予潜水员朋友启发，使潜水员朋友从中受益。

图书在版编目（CIP）数据

职业潜水员心理健康与维护 / 戴家隽主编. —北京：人民交通出版社股份有限公司，2016.11

ISBN 978-7-114-13213-1

Ⅰ.①职… Ⅱ.①戴… Ⅲ.①潜水员—心理健康—健康教育 Ⅳ.①U676

中国版本图书馆 CIP 数据核字(2016)第 168291 号

Zhiye Qianshuiyuan Xinli Jiankang yu Weihu

书　　名：职业潜水员心理健康与维护
著 作 者：戴家隽
责任编辑：林宇峰
出版发行：人民交通出版社股份有限公司
地　　址：(100011)北京市朝阳区安定门外外馆斜街3号
网　　址：http://www.ccpress.com.cn
销售电话：(010)59757973
总 经 销：人民交通出版社股份有限公司发行部
经　　销：各地新华书店
印　　刷：北京鑫正大印刷有限公司
开　　本：880×1230　1/32
印　　张：7.75
字　　数：187千
版　　次：2016年11月　第1版
印　　次：2016年11月　第1次印刷
书　　号：ISBN 978-7-114-13213-1
印　　数：0001—3050册
定　　价：25.00元

编　委　会

主　　　编：戴家隽

副　主　编：王佳丽　姜正林　刘秀华

编写组成员：（按姓氏笔画排列）

王华容　王佳丽　王　菁

朱海荣　刘秀华　刘淑彬

李家颂　金　伟　施利承

姜正林　顾玉娟　董媛媛

缪绿青　戴家隽

序言

xuyan

随着我国海洋经济和航运事业的迅猛发展，潜水打捞行业也得到高速发展，并在海洋领域发挥着越来越重要的作用，成为国民经济建设不可缺少的新兴产业。潜水打捞行业已由传统意义上的沉船、沉物打捞，延展至人命救助、水下施工、抢险救灾、桥梁隧道建设、石油天然气开发、海产品养殖捕捞、市政工程、科学试验以及国防建设等各个领域。潜水打捞行业的发展为我国社会文明进步、经济快速发展做出了重大贡献。但是，潜水打捞行业发展的同时，也带来了潜水作业事故多发的负面效应。近年来，潜水作业人员伤亡、病残事件时有发生。因此，“促进安全生产，保障生命安全”已成为业内关注的焦点问题。

潜水打捞行业是一个高风险、高难度、高要求的行业，被公认为是世界上最危险的行业之一。从事潜水职业的潜水员需要在水下高气压条件下进行作业，由于水下作业难度大、负荷重、要求高，再加上水下环境复杂多变，不确定因素多，随时可能发生意外事件。因此，潜水员需要承受比其他行业人员更大的压力。这种高风险作业的特点，不仅要求潜水员具有良好的职业素质、熟练的职业技能、健康的体格，还必须具备能够胜任潜水活动的心理素质。尤其是现今随着潜水装具、装备及其性能的日趋成熟，潜水作业过程中生命保障、医学保障和卫生环境保障措施的不断完善，增强潜水员心理素质、提高心理健康水平已变得更为迫切，成为提高潜水作业效率、保障潜水作业安全的重要因素。

由“职业潜水员心理健康保障研究”课题组编写的《职业潜水员心理健康与维护》一书的问世，正是顺应了这样的需要。《职业潜水员心理健康与维护》是一本专为潜水打捞单位和职业潜水员编写的心理学著作，该书将心理学理论与潜水员职业特点相结合，既有理论解读，又有实践指导，做到了科学性、针对性、可读性和实效性的统一，为潜水打捞单位组织心理教育培训，为职业潜水员学习和了解心理健康知识，掌握自我调节方法，维护和促进心理健康提供有价值的参考。

虽然该书的内容中还存在许多不足之处，有待今后不断完善，但是，毕竟有了一个好的开头，也填补了空白。我相信广大潜水员一定会从中受益。

2016 年 10 月

目 录 mulu

Zhiye Qianshuiyuan Xinli Jiankang yu Weihu

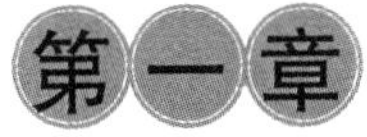

第一章 心理健康的理解

随着我们社会的文明和进步，人们对健康，尤其是心理健康要求变得愈加迫切，尤其高危、艰苦行业的职业群体。潜水员是从事水下作业的特殊职业群体。由于职业的特殊性，潜水员在作业期间需要承受水下环境和高气压的双重影响。水下环境诸因素的不确定性和危险性，加上高气压条件，使潜水员的心理状态和认知能力发生不同程度的变化，影响心理健康，甚至产生严重的心理问题，导致潜水事故和与潜水有关的疾病的发生。可见，潜水作业是一个高风险、高要求的艰苦行业，对潜水员来说，不但技术要求高，而且身体素质要好，在心理方面还要具有较强的适应能力。因此，正确理解心理健康的内涵，了解心理健康知识，维护潜水员心理健康，对更好地适应潜水环境，提高自我效能，实现水下作业安全十分必要。那么如何理解心理健康、维护心理健康呢？

第一节 从健康概念的转变理解心理健康

健康是人类生存和发展的基础，也是人们顺利履行岗位职责、完成工作任务的重要保证。随着现代社会的发展和进步，人们对健康的观念也在不断地发生变化。20 世纪 50 年代之前人们所认识的健康概念，是单一的指身体健康，就是身体没有疾病。在这样的背景下相应产生的医学模式就是生物医学模式。也就是说，对人的身体健康的影响，主要是由于细菌、病毒、寄生虫等这些生物因素的作用。这些生物因素所引发的各种传染病给人类的生命带来了巨大的威胁，比如鼠疫、天花、霍乱、伤寒、流感、结核、麻疹、疟疾等等。为了征服这些可怕的疾病，科学家们发明了抗生素和疫苗，有效地控制了这些主要由生物因素引起的各种传染病，使发病率和死亡率明显下降，人类健康得到了有效的保障。但是，随着现代社会的快速发展，使人们工作、生活节奏加快，竞争加剧，心理压力明显增大；另外，由于生活水平的提高，人们的饮食结构、行为方式也都相应发生了改变，以致肿瘤、心脑血管疾病等这些非传染性疾病的发病率和死亡率猛增，代替了传染性疾病，成为现代社会影响人类健康和威胁生命的首要疾患。据此，1948 年世界卫生组织对原有的健康概念进行了重要的修正。新的健康概念认为，一个人真正的健康应该是身体、心理和社会适应三个方面的完好状态。也就是说，我们看一个人是否健康，不仅要看一个人身体有没有病，还要注意他的心理是不是处于一个良好的状态，他的社会适应是不是良好。对此，科学家们提出了一个基本的假设：健康和疾病是生物、心理和社会因素相互作用的结果，即生物—心理—社会模式。也就是说，对人的身体健康的影响，不仅是生物因素，还有心理和社会因素。新的医学模式对传统医学模式的质疑是因为人们开始意识到，健康和疾病不能脱离人而存在，作为一个自然人，除会受到生物因素的影响外，又不可避免地受到心理因素和社会环境的影响。因此，健康与疾病不单是一个生物学的过程，而且还具有深刻的心理和社会内容。过去我们说“病从口入”，现在我们更要讲“病从心生”，这是完全有科学道理的。

健康的身体需要有健康的心理来培育。假如一个人不注意自身心理健康维护，在目前大发展、快节奏、高压力的环境下，有可能出现一系列心理问题，使个体与环境协调失衡，自我效能的发挥受到影响;不良的心理不仅可以引发各种心身疾病,严重者还可能出现心理障碍,造成精神疾患,甚至还会引发一些极端行为,给社会带来危害。因此,维护和促进心理健康,已成为当前我国社会建设的一项重要而又迫切的任务。对于高风险、高技术、高要求的潜水职业来说,潜水员心理健康的培育尤为重要。

第二节　心理健康的概念

心理健康是一种持续的心理状态,是个体与环境交互作用的结果。个体在与环境交互作用的过程中,会产生适应性反应。适应良好者能通过对自身内在心理过程的调控和对外部环境的应对,达到内外协调统一,保持心理健康;适应不良者则相反,还可能引起心理机能失调,影响心理健康。实际上个体间适应性差异的本身就反映了心理健康水平的高低。潜水员是实施水下作业的特殊群体,其所面临的工作、生活环境与普通人群有着很大的差异。首先是水下工作环境的特殊性。由于水的物理特性不同于空气,潜水员视觉、听觉、肤觉均会受到影响,加上水下环境存在静水压、寒冷、黑暗、浮力、阻力等,使潜水员的心理功能如感知觉、认知能力和反应能力受到不同程度干扰,而且水下环境不确定因素较多,潜水员随时可能面临威胁和危险。其次是水下高气压作业环境的危险性。在高气压作业环境下,潜水员的生理和心理机能均会不同程度地发生变化,甚至发生氮麻醉和高压神经综合征等;尤其是饱和潜水作业期间,需要潜水员在高气压环境下较长时期的生活、工作,因此,潜水员要适应特殊的职业环境,充分发挥其潜能,高效率地进行水下作业,保持良好的心理健康水平是十分重要的。

什么是心理健康呢？目前,国内外对于心理健康的定义有很多,他们都是从各自关注的不同角度对心理健康进行论述。迄今为止，对于什么是心理健康还没有一个统一的、公认的定义。早在 1946 年，第三届国际心理卫生大会曾经给心理健康下过一个定义：所谓心理健康，是指在身体、智能以及情感上与他人的心理健康不相矛盾的范围内，将个人心境发展成最佳状态。并指出心理健康的标志是：身体、智力、情绪十分协调；适应环境，在人际交往中能彼此谦让；有幸福感；在工作和职业中能充分发挥自己的能力，过有效率的生活。联合国世界卫生组织（WHO）也曾指出：心理健康不仅指没有心理疾病或变态，不仅指个体社会生活适应良好，还指人格的完善和心理潜能的充分发挥，亦即在一定的客观条件下，将个人心境发挥到最佳状态。我国国家心理咨询师职业资格培训教程中把心理健康定义为：心理健康是指各类心理活动正常、关系协调、内容与现实一致和人格相对稳定的状态。心理健康是指心理形式协调、内容与现实一致和人格相对稳定的状态。尽管国内外关于心理健康的定义各有所见，但对心理健康内涵的理解其实是一致的。即认为心理健康包括四方面的内容：一是心理健康是一种积极的、发展的心理状态；二是心理健康是个体内外协调的良好状态；三是把适应良好看作是心理健康的重要特征；四是心理健康是动态的、发展的。

综上所述，我们对心理健康的概念作一个界定：所谓心理健康是指个体在与各种环境的相互作用中，能够进行有效的自我调控，与外界环境保持动态的协调，个性相对稳定、心理潜能得到充分发挥的心理状态。

第三节 心理健康的标准

与心理健康的概念一样，对心理健康的标准国内外有很多界定，但是，到目前为止还没有一个统一的标准。究其原因，主要可以归纳为三个方面，一是由于心理专家们确立心理健康标准的依据不同，如有的以统计常模为标准，有的将人的思想行为是否符合社会规范作为衡量依据，有的则以生活适应性、心理成熟度、主观感受等为衡量依据；二是对心理健康标准把握的尺度宽严不同，如临界标准、众数标准和精英标准等；三是对心理健康品质的关注点与范围不同，如有的专家重视生活适应状况，有的则重视人的自我潜能实现的程度，有的专家强调积极自我概念的重要性等等。20 世纪中期以来，有关心理健康标准的文章层出不穷，学术界对此讨论空前热烈，提出了各种观点。1946 年召开的第三届国际心理卫生大会上提出了心理健康的四大标志；美国著名心理学家马斯洛提出了心理健康的十条标准；台湾学者王以仁等将心理健康归纳为六种特质；在我国，王登峰、张伯源提出了心理健康的八项指标，许又新提出了评估心理健康的三项指标，郭念峰提出了评估心理健康的十项指标。21 世纪初开始，中国心理卫生协会组织专家经过多年的研究，从人众标准的视角，制定出"中国人心理健康标准和评价要素"，并于 2011 年公开发布。现将"中国人心理健康标准"条目和评估要素介绍如下。

1. 认识自我，接纳自我（自我意识）

评价要素：

（1）自我认知。了解自己，恰当地评价自己，有一定的自尊心和自信心。

（2）自我接纳。体验自我存在的价值，接受自己。

2. 自我学习，独立生活（生活和学习能力）

评价要素：

（1）学习能力。具有从经验中学习，获得知识与技能的能力。

（2）生活能力。能够独立进行日常生活中大部分的衣食住行活动。

（3）解决问题的能力。能够利用获得的知识、能力或技能解决常见的问题。

3. 情绪稳定，有安全感（情绪健康）

评价要素：

(1)情绪稳定。能够保持情绪基本稳定。

(2)情绪积极。能够保持以积极情绪为主导。

(3)情绪控制。能够调控自己情绪的变化。

(4)安全感。对人身安全、生活稳定等有基本的安全感。

4. 人际关系和谐良好（人际关系）

评价要素：

(1)人际交往能力。具有基本的社会交往能力，能够处理与保持基本的人际交往关系。

(2)人际满足。能在人际互动中体验到正常的情绪情感，获得满足感。

(3)接纳他人。能够接纳他人及交往中的问题。

5. 角色功能协调统一（角色功能）

评价要素：

(1)角色功能。基本能够履行社会所要求的各种角色规定。

(2)心理与行为符合所处的环境。

(3)心理与行为符合年龄等特征。

(4)行为协调，在社会规范许可范围内实现个人需要的适当满足。

6. 适应环境，应对挫折（环境适应）

评价要素：

(1)保持与现实环境接触。

(2)面对和接受现实，积极应对现实。

(3)正确面对与克服困难、挫折。

我们根据潜水员特殊职业群体和特殊职业环境，综合前人提出的心理健康标准，尝试提出评价职业潜水员心理健康的八个方面。这八个方面简洁明了，而且很容易理解。如果你能够比较好地按照这八个方面去做，就会有一个积极健康的心理状态。

第一是良好的适应能力。就是看一个人面对现实、面对环境能不能去适应的问题。潜水员面对的是一个艰苦的工作生活环境，这是一个难以改变的绝对环境。假如你不能改变环境，那么你只有调整自己，积极面对，去适应环境。如果你想逃避环境，脱离现实，甚至不与人交往，就可能出现心理问题。

第二是充分认识自我。一个人要加强自我意识，能够客观地评价自己，充分相信自己，接受自己，体验自我存在的价值，对自己充满自信，在实践中不断提高工作、学习和生活的能力，这是非常重要的。

第三是切合实际的目标。理想不是伸手可及的，是要通过一个一个目标来实现的。有人问人生之路该怎么走？就三句话，走好第一步，走出下一步，走好每一步。也就是说，在我们人生的不同发展阶段，给自己制定出一些切合实际，并且经过努力就能够达到的目标是必需的。潜水员对自己的职业生涯进行有目标的符合实际的设计规划，有益于促使自己始终保持积极进取的良好心态。

第四是保持人格的完整与和谐。作为潜水员，需要有稳定的心理状态，良好的自我意识，能够履行职业所要求的角色规定，社会化程度比较好。所谓社会化程度比较好，就是指潜水员的心理和行为符合所处的环境、年龄特征、职业要求、岗位要求和社会要求。

第五是善于总结经验。一个人要善于总结经验，具有从经验中学习、获得知识和技能的能力。一个人在工作和生活中会遇到各种各样的困难和矛盾，会有成功的经验，也会有受挫的教训。要善于通过总结经验，不断调整自己，正确面对与努力克服所遇到的困难和挫折，不断提高自己解决问题的能力。

第六是良好的人际关系。保持良好的人际关系对一个人的心理健康是非常重要的。曾经有一所大学调查了一万多人,其中有一道题是“你在自己整个事业的发展过程中,认为哪一个因素最能影响你的成功”,调查结果表明,有20%的人认为,取决于他们个人的能力,而80%的人认为,成功取决于他们人际关系的良好。确实多一个朋友多一分智慧、多一条力量、多一分支持资源。英国心理学大师理查德·怀斯曼在《正能量》这本书中写道:幸运不是靠命运,寻找幸运的方法,最重要的是在努力做事的同时,积极拓展人脉网。潜水员水下作业过程是一个团队合作的过程,需要生命保障、医学保障、心理保障、环境卫生保障等多方面的有效协作;需要水上支持与水下作业的密切配合;需要潜水员团队保持和谐良好的人际关系。

第七是善于调控情绪。一个人要能够保持情绪的基本稳定,并能适当地发泄和控制情绪。平时在工作和生活中遭受一些不愉快的事件,使情绪受到影响是很正常的,关键是怎样使自己保持以积极情绪为主导的状态,调整好自己的情绪,通过恰当的方式把情绪发泄出来或者表达出来,并控制在一个适当的水平,不能难以自拔或无法控制,这是一个人心理健康的重要方面。

第八是恰当满足个人需求。一个人的需求既有物质的,也有精神的,个人需求能不能够得到满足,对保持自己心理健康也是非常重要的,但前提是不能违背社会规范。即在社会规范许可范围内,恰当满足个人需求。

第四节 心理健康与心理不健康

上一节我们讨论了有关心理健康的问题,现在继续讨论心理健康与心理不健康这一组概念及关系。在讨论之前,首先需要弄清心理正常与心理异常这一组概念,并把它们之间的关系疏通理清。

一、心理正常与心理异常

(一)心理正常与心理异常的概念

世界上任何事物都有正反两个方面,人的心理也是如此。一个心理正常的人和一个心理异常的人,实质上是一个正常人与一个病人的关系。所谓心理正常是指个体具备正常的心理活动功能。我们认为正常的心理活动功能主要是指以下三个方面:

(1)保障个体顺利适应环境,健康生存发展。

(2)保障个体正常进行人际交往,在家庭、单位和社会中承担责任,使人类赖以生存的社会组织正常运行。

(3)保障个体正常地反映、认识客观世界的本质及其规律性,以便更好地改造客观世界。

心理异常是与心理正常相对的一个概念,我们把丧失了正常功能的心理活动称之为心理异常。心理异常是指已经达到心理障碍的程度,属于变态心理或精神病学的范畴。

(二)心理正常与心理异常的区分

由于人的心理活动非常复杂,因此要清晰地判别正常心理和异常心理,不是一件容易的事情。虽然正常心理与异常心理之间有着本质的差别,但是两者之间的差异常常是相对的,更多的情况下又可能只有程度的不同,因为严重心理问题、可疑神经症尚属于心理正常范畴;其次,异常心理的表现受多种因素的影响,诸如生物因素、心理状态、社会环境等,所取的角度不一样,标准也就不一致了。目前,区分这两者的方法主要有以下两种。

1. 标准化的区分(李心天 1991 年提出)

(1)医学标准,将心理异常当作躯体疾病,纳入医学范畴,设法找到病理变化依据。

(2)统计学标准,从个人偏离常态分布的程度来判断。

(3)内省经验标准,从个人内省经验或观察者的内省经验来判断。

(4)社会适应标准,从个人社会行为能力来看。

2. 心理学的区分原则

心理学的区分原则是依据心理学对人的心理活动的定义,即依据"心理是人的大脑对客观现实的主观反映,是脑的机能"提出的,主要有三个方面的原则。

(1)主观世界与客观世界的统一原则。

因为心理是人脑对客观现实的反映,所以一个人的任何正常心理活动或行为,在形式和内容上必须与客观环境保持一致。如果一个人的思维内容脱离客观实际;心理冲突与实际处境不符;听到或看到实际并不存在的刺激物,而且坚信不疑,难以自拔,分别产生了妄想、神经症性问题、幻觉等,这些现象说明了这个人的心理和行为与外界环境发生了分离,失去了统一性,出现了心理活动异常。因此,主客观世界统一的原则是观察和评价一个人心理和行为是正常还是异常的关键。另外,看一个人有无"自知力"也是判断其心理正常与否的重要指标。

(2)心理活动的内在协调性原则。

人的心理活动主要包括认识过程、情绪与情感过程和意志过程,简称知、情、意。它们是一个不可分割的完整的统一体,这些心理过程之间相互联系、相互影响,始终保持协调一致的关系。假如一个人对痛苦的事做出了快乐的反应,或者相反,就可以认为这个人的心理活动失去了协调一致性,称为心理异常。

(3)人格的相对稳定性原则。

在长期的社会生活实践中,每一个人都会形成自己独特的人格心理特征。这种人格心理特征一旦形成,就具有相对的稳定性,而且不易改变。如果一个待人接物热情大方的人,突然变得很冷漠,或者一个人行为举止与先前大不相同,又没有明显的外部原因,我们就可以说这个人的人格相对稳定性发生了改变,心理活动出现了异常。所以,可以人格的相对稳定性作为区分心理活动正常与异常的标准之一。

二、心理健康和心理不健康

关于心理健康的概念以及心理健康标准已在前面进行了比较深入的阐述。在这里不再细说,仅就一些相关概念的区分和内涵,以及心理不健康的分类分别进行介绍。

(一)相关概念的区分

心理正常、心理不正常,心理健康、心理不健康这是我们常常听到或看到或使用的概念,这些概念间有什么样的联系,又有什么样的区别,了解它们对我们更好地理解心理健康,维护心理健康十分重要。以下我们对这些概念进行简要的梳理,以帮助大家更好地掌握。

所谓"心理正常"就是指一个人具备正常功能的心理活动;而"心理不正常"就是我们之前所说的"心理异常",是指一个人失去正常功能的心理活动,也即一个人有典型精神障碍症状的心理活动。变态人格、神经症、各类精神障碍都属于"心理不正常"范畴。

所谓"心理健康"是指一个人心理活动正常、内外协调、人格相对稳定的状态;"心理不健康"则是指一个人心理活动相对失衡、内外失调、人格不稳、效率下降的状态。心理不健康包括一般心理问题、严重心理问题和部分可疑神经症。很显然,"心理正常"和"心理不正常"这对范畴是表明一个人的心理"有病"或"没病"的问题。而"心理健康"和"心理不健康"则是另外一对范畴,它们是在"正常"范围内,用来反映"心理正常"的水平高低和程度。由此可知,"心理健康"和"心理不健康"都包含在"心理正常"这一概念之中。我们讲一个人心理不健康,并不是说这个人有病。"心理不健康"与"心理异常"是两种完全不同性质的概念。为了能进一步理解上述概念,我们用图 1-1 表示它们的关系。

从图 1-1 我们可以看到,心理健康和心理不健康两者都属于心理正常范围,反映了心理正常的水平状态;而心理正常和心理不正常则是相互对立的概念,反映了心理有无疾病的问题。心理不健康是正常心理活动的相对失衡,心理异常则是心理不健康发展的结果。另外,心理正常和心理不正常之间、心理健康与心理不健康之间是可以相互转换的。综上所述,我们可以把人的全部心理活动分别表达为"心理健康""心理不健康""心理异常"三个概念。

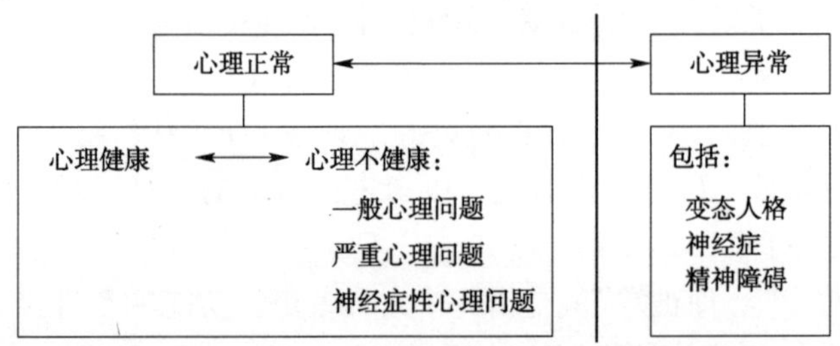

图 1-1　心理健康、心理不健康与心理正常、心理异常的关系

(二)健康心理和不健康心理的具体内涵

健康心理的内涵是什么呢?从静态的角度看,健康心理是一种心理状态,它反映了个体在某一时段,自身正常的心理功能和良好的心理状态。而从发展的角度来看,健康心理是在一般条件下,即常规条件下,个体为应对变化的内、外环境,围绕某一群体的心理健康常模,如潜水员心理健康常模,在一定范围内不断上下波动的相对平衡过程。可见,健康心理的内涵涵盖了一切有利于个体生存发展和稳定生活质量的心理活动。这种健康的心理活动实质上就是一种处于动态平衡的心理过程。

健康心理活动的动态平衡过程是在常规条件下,主体与内外环境的相互作用中实现的。然而,主客观环境不是静止的,无论是个体的自身状态,还是所处的生活、工作、社会环境,及生存环境都处在不断变化之中。假如某一环境发生了激烈的变化，就可能使这种动态平衡过程被打破，心理活动就可能远远偏离群体心理的健康常模，变为相对失衡的心理过程。我们把这种在非常规条件下偏离常模而丧失常规功能的心理活动，称之为不健康心理状态。不健康心理的内涵涵盖了一切对个体生存发展和稳定生活质量起着负面作用的心理活动。这种不健康的心理活动是一种处于动态失衡的心理过程。

对于如何界定心理健康和心理不健康，虽然目前还没有量化水平比较理想的方法和工具，但是，我们可以利用现有的测试工具，如症状自评量表（SCL-90）、焦虑自评量表（SAS）、抑郁自评量表（SDS）、明尼苏达多项人格测验（MMPI）以及针对某一职业人群的测试量表，如飞行员、营运汽车驾驶员、海员、潜水员等职业群体的心理健康测试量表，对被测者或被测群体的心理健康状况进行评价，把心理健康与心理不健康状况分开，并划分出不同的水平与等级，为心理诊断、心理咨询和心理治疗提供参考依据。

（三）心理不健康状态的分类

现实中我们时常可以看到一些人因为学习、工作、生活上的压力，以及婚姻、家庭、人际交往、社会适应、个人发展等具体事件引起各种不良情绪与行为，如烦恼、困惑、倦怠、焦虑、灰心、道德冲突、抉择困难等等，导致心理处于不健康状态。由于个体差异及所处环境条件变化、所受刺激的性质等客观条件不同，个体产生的心理反应、造成结果、发生程度也不一样。因此，有必要对心理不健康状态进行分类。这对心理不健康状态程度的判断，对严重心理不健康状态与心理异常的区分，对求助者进行心理干预和干预后的评估，对进行自我心理保健，对开展心理健康问题的深入研究具有十分重要的意义。

国家心理咨询师培训教材把心理不健康状态分为一般心理

问题、严重心理问题和神经症性心理问题(可疑神经症)。

1. 一般心理问题

诊断为一般心理问题,必须符合以下四个条件。

第一,由于现实生活、工作压力、处事失误等因素而产生内心冲突,冲突是常形的,并因此体验到不良情绪。

第二,不良情绪不间断地持续一个月或间断持续两个月仍不能自行化解。

第三,不良情绪反应仍在相当程度的理智控制之下,始终能保持行为不失常态,基本维持正常生活、学习、社会交往,但效率有所下降。

第四,不良情绪的激发因素仅仅局限于最初事件,情绪反应尚未泛化的心理状态。

可见,一般心理问题是由现实因素激发的、持续时间比较短、情绪反应能在理智控制之下、不严重破坏社会功能、情绪反应尚未泛化的心理不健康状态。

2. 严重心理问题

诊断为严重心理问题,必须满足以下四个条件。

第一,由较为强烈的、对个体影响较大的现实刺激引起,内心冲突是常形的。在不同的刺激作用下,个体会体验到不同的痛苦情绪(如悔恨、冤屈、失落、恼怒、悲哀等)。

第二,遭受的刺激强度越大,反应越强烈。大多数情况下,会短暂地失去理性控制;在后来的持续时间里,痛苦可逐渐减弱,但是单纯地依靠"自然发展"和"非专业干预"难以解脱,对生活、工作和社会交往有一定程度的影响。

第三,从产生痛苦情绪开始,痛苦情绪间断或不间断地持续时间在两个月以上,半年以下。

第四,痛苦情绪不但能被最初的刺激引起,而且与最初刺激相类似、相关联的刺激,也可以引起此类痛苦,即反应对象被泛化。

“严重心理问题”是由相对强烈的现实因素激发，初始情绪反应强烈、持续时间较长、内容被泛化的心理不健康状态，有时伴有某一方面的人格缺陷。

“泛化”在心理学中是指一个有严重心理问题的人，他的典型的心理和行为反应不再仅仅是被最初的刺激事件引起，也被与最初刺激事件相类似、相关联的事件，甚至与最初刺激事件无关联的事件引起的现象。

3. 神经症性心理问题（可疑神经症）

已接近神经衰弱或神经症，或者它本身就是神经衰弱或神经症的早期阶段。

第一，由较强烈的、对个体威胁较大的现实刺激引起。内心冲突是变形的，认知功能和社会功能受到部分影响。

第二，具有神经症的某些特征，但还没达到神经症诊断标准，属于神经症的早期阶段。

（四）潜水员心理健康的评估方式

目前，关于心理健康的评估大多以量表自评式报告的方式进行。常用的量表如 MMPI、SCL-90、SDS、SAS 等，主要以症状测评为主，南通大学航海医学研究所与上海打捞局合作于 2014 年开发了职业潜水员心理健康评估系统，其中职业潜水员心理健康评估量表基于症状和积极心理两部分进行，能较全面地评估潜水员的心理健康水平。

职业潜水员心理健康测评

指导语：本量表包括两个分量表，请按每部分指导语认真填写。请先匿名填写您的下列基本信息，然后再进行后续的测试。

A.1　基本信息

性别__________：出生年月__________：婚姻情况__________：潜水工龄（年）：__________

文化程度：小学（ ） 初中（ ） 高中（ ） 大专以上（ ）

现服务单位：____________

您进入潜水行业的途径：师傅带徒弟（ ） 部队的潜水兵（ ） 潜校毕业（ ） 培训机构培训（ ）

您参加过的潜水类型（可多选）：空气潜水（ ） 混合气潜水（ ） 饱和潜水（ ）

您参加过的潜水作业种类（可多选）：海上打捞（ ） 海工作业（ ） 内河打捞（ ） 水库施工（ ） 桥梁建造（ ） 隧道或其他干式环境高气压作业（ ）

A.2 第一部分

根据自己近两周的实际情况进行选择，并在相应的选项下打勾（表1-1）。每一问题共有5个程度等级供您选择，分别是：0、1、2、3、4。每个问题限选一个等级选项，不选或多选无效。

0 从无 无该题目问题；

1 轻度 自觉有该题目问题，偶尔出现或轻度影响；

2 中度 自觉有该题目问题，程度为中度；

3 偏重 自觉有该题目问题，程度为中等严重；

4 严重 自觉有该题目问题，已达到非常严重程度。

心理症状量表 表1-1

序号	题目	0 从无	1 轻度	2 中度	3 偏重	4 严重
1	头脑中有不必要的想法或字句盘旋					
2	感到自己的精力下降，活动减慢					
3	无缘无故地突然感到害怕					
4	容易烦恼和激动					
5	怕单独出门					

续上表

序号	题　目	0 从无	1 轻度	2 中度	3 偏重	4 严重
6	不愿意想关于潜水的事情					
7	因为感到害怕而避开某些东西、场合或活动					
8	自己不能控制地大发脾气					
9	神经过敏,心中不踏实					
10	对异性的兴趣减退					
11	担心自己的衣饰整齐及仪态的端正					
12	不愿意进舱或潜水					
13	感到难以完成任务					
14	想结束自己的生命					
15	心跳得很厉害					
16	想打人或有伤害他人的冲动					
17	在人多的地方感到不自在					
18	不愿意谈论与潜水有关的话题					
19	单独一人时神经很紧张					
20	有想摔坏或破坏东西的冲动					
21	感到害怕					
22	容易哭泣					
23	做事必须做得很慢以保证做得正确					
24	尽量避免下水的工作					
25	必须反复检查					
26	经常责怪自己					
27	感到紧张或容易紧张					
28	经常与人争论					
29	一想到潜水就紧张					

续上表

序号	题　　目	0 从无	1 轻度	2 中度	3 偏重	4 严重
30	常感叹生活的艰难					
31	不愿思考影响自己情绪的问题					
32	因梦到深水或下跌而惊醒					
33	说话做事不考虑后果					
34	一阵阵恐惧或惊恐					
35	感到孤独					
36	难以做出决定					
37	对困难采取等待观望任其发展的态度					
38	对事物不感兴趣					
39	感到坐立不安心神不定					
40	害怕密闭的空间					
41	避开困难以求心中宁静					
42	必须反复洗手、点数目或触摸某些东西					
43	感到前途没有希望					
44	感到要赶快把事情做完					
45	害怕黑暗或深水					
46	总是担心设备安全					
47	感到任何事情都很困难					
48	感到要发生可怕或不幸的事情					
49	遇到不顺心的事情易发脾气					
50	感到悲伤或忧愁					
51	害怕单独下水作业					
52	对困难常采用回避的态度					

续上表

序号	题　目	0 从无	1 轻度	2 中度	3 偏重	4 严重
53	反复想着怎么逃生					
54	担忧自己的健康					
55	想一些不必要的事情					

A.3　第二部分

谢谢您完成了第一部分的填写，现请您再仔细阅读表1-2的每一项陈述，依据您经常性的状态进行符合程度的选择，并在相应的程度选项下打勾。每一项陈述均有5个程度等级可供您选择，分别是：1、2、3、4、5。每个陈述栏中仅限选一个等级选项，不选或多选均无效。

1 非常符合；2 基本符合；3 中性或不确定；4 基本不符合；5 非常不符合。

心理状态量表　　表1-2

序号	题　目	1 非常符合	2 基本符合	3 中性或不确定	4 基本不符合	5 非常不符合
1	相信生活会越来越好					
2	对目前各方面感到满意					
3	觉得无依无助					
4	追求高质量完成作业					
5	觉得自己无能为力					
6	生活中的大多数方面都接近我理想的生活					
7	觉得多数人是可靠的					
8	工作时全身心投入					
9	凡事都有积极的一面					

续上表

序号	题　目	1 非常 符合	2 基本 符合	3 中性或 不确定	4 基本 不符合	5 非常 不符合
10	潜水工作能实现自己的理想					
11	觉得多数人是友好的					
12	愿意挑战高难度作业					
13	当心情不好时，会找些感兴趣的事情做					
14	能意识到自己的情绪变化					
15	潜水工作给自己提供了发展的平台					
16	我能经常体验到愉悦					
17	对潜水作业的安全保障放心					
18	关注自己的内心感受					
19	遇到挫折告诉自己没什么大不了					
20	没有人真正关心我					
21	能控制不良情绪					
22	在挫折面前不灰心					
23	感觉生活很美好					
24	利用时间积极学习潜水					
25	能清楚地了解自己的感受					
26	对未来充满希望					
27	时刻担心自己的生命安全					
28	努力练习技术					
29	觉得自己心态良好					
30	遇到困难时，努力寻找解决办法					
31	相信自己会有所作为					

续上表

序号	题　　目	1 非常 符合	2 基本 符合	3 中性或 不确定	4 基本 不符合	5 非常 不符合
32	生活无奈					
33	遇到问题主动寻求帮助					
34	主动要求下水					
35	知道如何调节自己的情绪					

第五节　潜水员心理健康保障

国内外大量研究数据表明，潜水员的心理健康状况直接影响潜水作业的绩效；同时，潜水作业本身也会对潜水员的身心产生影响。因此，提高潜水员心理素质，保障潜水员心理健康，对保证潜水安全、提高作业效率、防止潜水事故、预防潜水疾病的发生具有十分重要的意义。潜水员心理健康主要通过两个方面保障：第一，建立单位潜水员心理健康保障机制；第二，潜水员自我心理健康维护。

一、建立单位潜水员心理健康保障系统

心理健康是个体与外环境交互作用的结果。从潜水心理学角度来看，潜水员心理健康是潜水员个体与潜水作业环境交互作用的结果，但是我们不能忽视潜水员群体与组织环境（单位环境）这另外一组关系的交互作用问题。一个人的所有心理活动，如自我意识、认知、人格、情绪等都与其所处的社会环境密切联系。因此，我们在注重潜水员与作业环境实现良性互动时，需要充分考虑组织环境因素的影响，促进潜水员个体与组织环境的心理和谐。组织环境对潜水员心理健康状况的影响直接关系到潜水员

在潜水作业过程中的心理状态和工作效率。组织是潜水员生存和发展的平台。良好的组织环境保障,有利于潜水员心理素质提高,有利于潜水员心理健康维护,也有利于潜水员积极心态的调动,促使其更好地适应和应对艰苦、高危、复杂的潜水作业环境。

(一)潜水员心理健康保障的目标

(1)提高潜水员心理素质,培养他们提高自我教育、自我认知、自我调控、适应和应对环境的能力。

(2)通过调整和改善单位软环境、硬环境,增强潜水员职业认同感、责任感、归属感和满意度。

(3)尊重个体差异性、激发潜水员内在的积极因素,密切管理者与潜水员、潜水员与潜水员之间的联系,增强团队凝聚力。

(4)促进单位潜水员工作能力、生活能力、沟通能力、协作能力等各种能力协调发展。充分发挥个人与集体效能,提高工作效率。

(二)潜水员心理健康保障系统与实施策略

潜水员心理健康保障机制是单位组织实施潜水员心理健康保障工作的框架和指导(图1-2)。潜水员心理健康保障模式由内系统、外系统和宏系统三个子系统组成。

(1)内系统,一方面指建立潜水员心理选拔机制,选拔适应职业要求的潜水员;另一方面是指在岗潜水员自身心理素质的保障,包括潜水员认知能力、调控能力和适应能力的提高,及良好个性品质的养成等。心理健康保障策略是通过心理健康教育、心理训练等活动,帮助潜水员提高心理自助力,增强对潜水职业环境的顺应力和适应力,对突发事件的应对力,使内系统处于良好的状态,也就是使潜水员保持良好的心理健康水平。

(2)外系统,主要是指能对潜水员心理健康产生积极作用的外部支持系统,如心理援助,包括心理疏导、心理咨询、危机干预和心理治疗等，还有管理者、同事、亲属、朋友构成的社会支持等。心理健康保障策略就是建立潜水员心理健康档案，建立心理预警机制，建立心理疏导和心理危机干预机制；同时，建立单位良好的社会支持系统，以此加强外助力，给潜水员以心理支撑和心理健康保障。

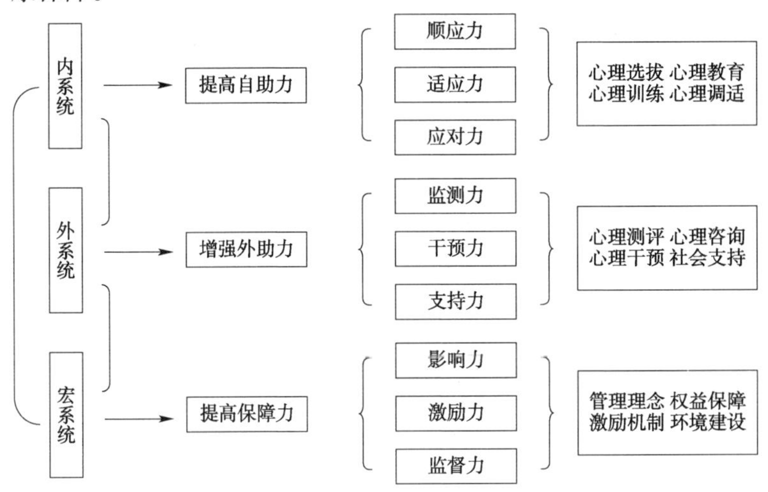

图 1-2　潜水员心理健康保障系统

（3）宏系统，主要是指保障潜水员心理健康的单位软环境、单位硬环境和监督评估机制，包括单位管理、单位道德、单位文化、单位制度、环境设施和监督评估等。它对潜水员心理健康维护、积极性调动、满意度提升、归属感增强，团队凝聚力的形成起着重要的影响作用。心理健康保障策略就是要建立单位人性化的管理理念、高尚的单位道德、和谐的人际关系、积极的激励机制、丰富的文化生活、良好的工作环境。充分发挥宏系统对潜水员心理健康的保障作用和积极心理的激励作用。同时，对单位开展潜水员心理健康保障工作进行监督评估，是促使单位潜水员心理健康保障工作落到实处，并取得成效的重要保证。

（三）潜水员心理健康保障系统的构建

1. 建立潜水员心理选拔、心理健康教育和训练机制

将心理选拔方法引入潜水员招聘过程，有助于选拔具有良好职业适宜性的潜水员。对在岗潜水员开展心理健康宣传和教育、组织心理训练，有针对性地开展各种专题讲座。提高潜水员职业适应、认知能力和调控能力；同时，通过教育培训提高管理人员运用心理学理论和方法进行科学管理的能力。

2. 建立潜水员心理健康档案管理和预警机制

定期做好潜水员心理健康检查，建立潜水员心理健康管理档案，对潜水员心理健康状况进行分析，及时掌握潜水员心理健康状况，有针对性地开展心理辅导、心理培训等工作。

3. 建立潜水员心理疏导和心理危机干预机制

培训心理卫生工作骨干，设立兼职心理健康宣传员，与相关专业单位建立合作关系，定期开展心理咨询服务，还可以开设心理咨询热线、建立潜水员 QQ 群等。帮助潜水员消除心理压力，解决心理方面的疑难问题，对有严重心理问题的潜水员进行及时的心理干预。

4. 建立良好的单位心理环境保障机制

单位心理环境包括软环境和硬环境两个方面，涉及单位管理、单位道德、单位文化、单位制度、单位环境设施、作业环境等等。良好的单位心理环境保障机制的建立，对潜水员心理健康的维护、内在潜力的激发、责任性和归属感的提升有着十分重要的影响。心理环境保障机制的建立主要从以下几个方面入手。

（1）确立人性化的管理理念。

①使单位目标和个人目标相结合，让潜水员自身价值得到体现；

②让职工多参与单位的民主管理与决策，使潜水员体会到被信任和尊重；

③关心潜水员的工作和生活，使他们体会到单位的温暖；

④帮助潜水员有效地规划和管理自己的职业生涯，增强他们的自信与对单位的信心；

⑤重视潜水员技能培训、心理培训，帮助他们提高岗位胜任力等等。

(2)培育优良的单位文化。

要不断挖掘和发扬单位优良的传统文化，并与单位文化创新相结合，培育形成引领单位发展的精神动力。一旦适应单位目标和单位发展，符合个人目标和期望的单位文化被认同，就能产生巨大的向心力和凝聚力，激发广大潜水员的积极性和进取心。

(3)建立良好的单位社会支持系统。

单位要通过各种活动和方式，增进管理者与潜水员、潜水员与潜水员之间的联系和沟通，建立相互尊重、相互信任、相互理解、互帮互助的单位人际环境。单位要通过建立适应潜水员需求、体现人际关怀的社会支持系统，增强团队凝聚力，营造单位和谐氛围。

(4)建立积极的激励机制。

建立合理的薪酬制度，建立公平竞争、激励贡献的收入分配，实行多种奖励形式，除了物质奖励，还应注重精神奖励，进行情感激励，使潜水员真正体验到自身价值。

(5)丰富企业文化生活。

充分发挥单位工会的积极作用，在维护职工合法权益的同时，开展丰富多彩的文化活动，建立“温馨家园”服务平台，为潜水员提供各种援助和服务，营造健康向上和宽松愉悦的单位和谐环境。

(6)改善单位的硬环境。

单位不仅是潜水员生存的平台，也是他们自身价值实现的平台。单位在不断改善软环境的同时，应不断完善和改善企业潜水员的工作、生活和文化设施，为潜水员创造一个舒适、整洁、有序的工作环境、生活环境和文化环境，提升职工满意度，激发积极性及进取心。

(7)完善潜水作业防护措施。

完善潜水作业的安全防护，加强作业过程中的组织保障、生命保障、医学保障、心理保障、卫生保障、营养保障等各种措施，有利于潜水员稳定情绪，保持良好的心态；有利于提高潜水作业的效率和安全性。

5. 建立有效的监测和评估机制

建立对单位实施潜水员心理健康保障工作过程的监测和评估，及时了解职工的思想动态和心理状态及其影响因素，掌握心理健康保障工作的近期、中期和远期效果，根据评估结果适时进行管理、制度、环境等方面的调整，形成促进单位发展的良性循环，这对单位以人为本的经营管理有着重要的指导意义。

二、潜水员心理健康的自我维护

潜水职业对潜水员的心理素质要求和潜水作业环境对潜水员的心理影响是显而易见的。前面我们已就潜水作业单位如何建立潜水员心理健康保障机制进行了探讨，以下我们进一步讨论潜水员心理健康的自我维护问题。

维护自身心理健康，需要理解心理健康与心理素质间的关系。心理素质与心理健康二者是什么关系？近年来国内外学者对此展开了热烈的讨论，虽有分歧，但是有两点看法比较一致。一是心理素质本质上是一种心理品质，主要包括认知品质、个性品质和适应性三个方面；心理健康本质上是一种心理状态，包括积极心理状态、消极心理状态，两者在内涵上存在“品质”和“状态”的区别。二是心理素质与心理健康在功能关系上存在密切但非必然的对应关系。心理素质是心理结构的核心层，对心理活动起支配作用;心理健康是心理结构的外显层,是一定心理素质功能状态的外在反映。在一般情况下,心理素质水平较高的人,其心理健康水平也相应较高;心理素质水平较低的人,其心理素质水平也会相应较低,且容易产生心理问题。但是,一个具有健康心理的人,不一定具有较高的心理素质,因为还有环境因素的影响作用。

潜水员在潜水职业活动中能否保持良好的心理健康状态,除了职业因素之外,还与个体因素有关,主要是对心理活动起支配作用的个体内在的心理素质。因此,对潜水员进行心理健康维护,就必须提高其心理素质,培养良好的认知能力、适应能力和个性品质。

平时,我们说一个人是否心理健康与一个人是否有不健康的心理不完全是一回事。心理健康是一种比较稳定的心理状态,偶尔出现一些不健康的心理和行为,就像我们得伤风感冒一样,谁也不能完全避免,这是很正常的,它不会因此影响我们的健康,所以不必有所负担。由前可知,心理健康是个体和环境交互作用的结果,其中个体心理素质水平起着关键作用。对于潜水员来说,心理健康保障除了单位这一外环境保障外,主要是通过提高自身心理素质来维护心理健康。因此,可以从以下几个方面进行。

(一)学会管理自己的情绪

学会情绪管理,就是要对情绪理性认知,适度表达,合理宣泄,自我调控。情绪是一个人本身所具有的,表达自己的情绪是正常的心理反应。该高兴的时候就高兴,该悲伤的时候就悲伤,但是,要能够对自己的情绪进行调控。学会适度表达和调控自己的情绪,有益于心理健康的维护。当一个人遇到困惑时,会不高兴,这是正常的。我们一方面要理性认知,另一方面要学会合理宣泄,把你的焦虑和苦恼都能够发泄出来。你可以找一个知心同

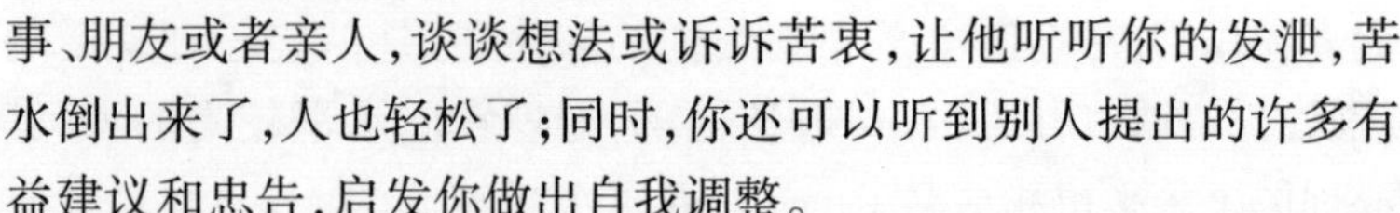

事、朋友或者亲人，谈谈想法或诉诉苦衷，让他听听你的发泄，苦水倒出来了，人也轻松了；同时，你还可以听到别人提出的许多有益建议和忠告，启发你做出自我调整。

我们工作和生活中的矛盾是难免的。从事潜水职业的潜水员与一般职业人员相比遇到的矛盾和压力会更多，如艰苦环境、职业风险、工作压力、个人发展、家庭婚恋、待遇报酬等等。这些都是情绪的影响因素，在这些影响因素中，有些是近期可以改变的，有些是近期难以改变的，有些甚至是改变不了的。对此，就看你如何去认识，以什么态度去应对，在一个人身上积极情绪和消极情绪是同时存在的，在矛盾与压力面前，假如我们以一种客观的认识和积极的方式去面对，也许结果就会不同。要做积极情绪的主人，调整好自己的认知，以积极的态度去面对现实，可以使自己更好地适应职业环境、激发职业动机、发挥内在潜能。

（二）培育良好的个性品质

当一个人的个性品质与所从事的职业相适合时，对自身内在潜能的激发具有动力和调节作用，其心理活动也就会处于良好的状态。不同的职业有不同的个性要求，国内调查结果表明，我国潜水员主要表现为情绪稳定、乐群友善、恪尽职守、意志坚毅、敢于尝试、高创新性和适应性强的个性特征。这种个性特征是潜水职业对潜水员心理素质的要求，这种职业要求也影响着潜水员个性的形成和发展。

个性是个体所具有的稳定的心理品质，它作为心理健康的重要条件，是在先天的基础上通过后天长时期的磨炼形成的。在潜水员个性特征的养成过程中，重要的是要加强自我意识的培养，树立正确的自我观，通过客观的自我评价、自我教育、自我监督、自我调节和自我体验，不断完善自我，加快自己社会化的过程，使外在于自己的职业规范、准则和要求内化为自己的行为标准，并成为稳定的个性品质。个性品质由于个体的气质差异,使它的表现形式呈现多样性,这种个性品质表现形式的多样性,有利于潜水员个性品质的优势互补,使潜水员职业群体充满生气、活力和凝聚力。大量研究证实,个性品质对职业适应性具有重要的作用。

(三)建立和谐的人际关系

建立和谐的人际关系,需要多与人进行交往,在交往活动中体现自我价值,增加愉悦感;在交往沟通中感受集体的温馨,获得相互间的支撑。我们常说:多一个朋友,多一份资源,多一分支持。有的人没有什么朋友,很孤独,到关键时候就缺少人帮忙。交往是一门艺术,首先要充分相信自己,同时接纳并非完美的自我,这是健康人格的表现;其次要学会理解人、宽容人,这是做人的风范和美德。理解人,就是要学会换位思考;宽容人,就是要给别人机会,这样你就能得到别人对你的尊重和信任,就能增进团队和谐。一个会做人的人,是最能与人相处的人,特别能与最难相处的人相处。著名管理大师卡耐基认为:一个人的成功,只有百分之十五是由于他的专业技术,而百分之八十五则要靠人际关系和他的做人处世能力。我们生活在一个集体的环境中,会与各种不同类型的人接触,打交道是不可避免的,学会沟通与交往,建立和谐的人际关系,有利于增强团队凝聚力。潜水作业是一个团队作业活动,尤其是饱和潜水作业。潜水作业期间,需要水上、水下方方面面的理解与支持合作,需要潜水作业人员之间的信任与默契配合。研究表明,人际交往能使人产生积极的情绪体验,促使自己更好地适应环境,同时,可以获得更多的社会支持资源,从而形成一个良性循环。

(四)提高自身的认知能力

认知因素是心理健康的重要影响因素。一个人的心理健康状况受到它对外部环境和对自身评价的影响。不同的认知,会产生两种截然不同的结果。例如有些人将失败看作是终结,于是就心灰意冷,斗志丧失;而有的人却把失败看作是成功的基础,于是从失败中吸取教训,坚持不懈,努力争取成功。再如有的人把竞争对手看成是自己的敌人,处处提防或排斥;而有的人则把对手看作是激励和鞭策自己的朋友,相互开展有益的竞争。苹果大王乔布斯曾说过:比尔·盖茨是我的朋友,又是我的对手,没有他也就没有我。生活就像一面镜子,你笑它也笑,你哭它也哭。一切事物都具有两面性,就看你如何认识。如果能从事物光明的一面去观察,就会使一个人的心态变得比较平和,甚至产生积极的导向。潜水作业是一个高风险、高要求的艰苦职业,当潜水员充分认识到潜水职业在当今国家海洋经济发展战略中的重要地位和作用时,意识到潜水行业巨大的发展潜力和未来良好的发展前景时,就会产生一种强烈的职业认同和自豪感,随之职业责任感和使命意识油然而生,并转化为攻坚克难,奉献于潜水事业的动力。提高认知能力,要学会调整心态,学会调整认识和识别事物的视角,增加愉快生活的体验。生活中有不少人常常以负性的心态看待周围的事物,或者总是关注事物的不良面,所以日子过得很不舒坦。有些人总认为自己命运不好,实际上一个人来到人间就是幸运,因此要珍惜。虽然潜水职业比较艰苦,还有风险,但是作为潜水员来说,应该为自己能自愿服务于国家海洋经济开发而感到光荣,同时意识到这是一个比较稳定的职业,自己在各方面还是不错的。研究表明,积极的认知,会增加令人愉快的体验,使人保持良好的心理健康状态。

第二章

潜水员职业特点与心理素质要求

潜水职业是一个特殊职业。它与其他职业不同的是，作业环境主要在水下和高气压条件下；作业范围已从传统意义上的捞物救人延展到水下施工、抢险救灾、桥梁隧道建设、石油天然气开发、科学实验以及国防建设等领域；作业任务涉及水下探摸、寻物救生、修损补漏、铺线接管等。高风险的作业环境、高广度的作业领域、高技术的作业要求形成了独特的潜水职业特点，同时也对潜水员的心理素质提出了较高的要求。

第一节 潜水职业的特点

一、相对特殊的工作环境

潜水员作业是在水下和高气压条件下。水下环境与陆地上环境是完全不同的，存在很大的差异。潜水员在水下进行潜水作业时，要受到水下环境各种因素不同程度的影响。这些因素主要包括水底地形、水温、水流，水的密度、比重、静水压、浮力、阻力，水下生物、水质污染和高气压等等。这些差异必然影响潜水员的生理与心理活动，而且随着潜水作业深度变化而加大，导致体能状况、情绪调控、认知能力、反应能力和操作能力降低，影响作业效率，因此，要求潜水员应具备良好的适应能力。由于水下环境复杂多变，偶然因素较多，加上水下能见度低、听力受阻等状况，潜水员在操作过程中还必须保持高度的注意力，稍有疏忽，就会酿成事故。饱和潜水员水下作业完毕后，还需回到舱室狭小且密闭的高气压环境中居住，对潜水员心身有着明显的影响。

另外，海上潜水作业，还要经历海上风浪、潮汛、冷热，船上颠簸、震动、噪声、污染等环境影响，给潜水员增加了生理上的负荷和心理上的压力，引起失眠，产生焦虑，容易疲劳等等。

二、相对流动的工作场所

工作场所的流动性是潜水职业的特点之一。由于潜水作业任务面宽，工作种类多，涉及交通、石油、渔业、通信、科考、军事等行业，进行水下施工、设施安装、设备修补、救援打捞、养殖捕捞、科学实验等工程，因此，潜水员工作的时间、地点随任务的需求经常变动。一旦工程结束，潜水员就必须做好心理准备，准备接受新的任务，前往新的地点，开始新的潜水作业。

三、相对较强的工作负荷

工作负荷一般可以分为生理性工作负荷和心理性工作负荷。生理性工作负荷是指单位时间内个体承受的体力活动的工作量，主要表现为动态或静态的肌肉工作负荷。心理性工作负荷则指单位时间内个体承受的心理活动的工作量，表现为认知、思维、判断及情绪等负荷。

潜水员生理性工作负荷与他们的工作种类和难度、工作时间与强度、工作环境和变化、个人能力和经验等因素有关。从潜水职业特点看，潜水作业过程中潜水员承受的生理性工作负荷要明显高于其他一般职业人群。此外，由于潜水职业的特殊性，使潜水的作业环境、作业任务、作业要求、作业风险成为应激源，成为潜水员心理性工作负荷。大量实验研究也证实了上述结果。相对较强的工作负荷会给潜水员增加压力，造成紧张，如果得不到缓解，久而久之会影响心身健康。

四、相对独立的工作过程

潜水作业是一个根据任务需要统一计划、团队合作、独立操作的过程。就是根据任务要求，制定包括水上、水下分工合作、相互配合的切实可行的作业方案。根据作业方案，如作业内容、潜水种类、劳动强度、作业的深度、作业要求、预计时间、潜水装具、作业地点的水文情况、潜水员技术水平和健康状况以及作业过程中可能出现的情况，还要制定详细的医学保障计划。入水之前，潜水员要根据潜水方案和计划做好各项准备。潜水操作过程中，潜水员要按计划，依照要求，逐一实施，不能存在遗漏和疏忽。由于水下环境的多变性和不确定性，作业对象的复杂性和预计的偏差性，这就要求潜水员应具有一定的灵活性，根据作业当时的特定情况，作出准确的分析、判断，合理应对，妥善处理，及时正确地完成作业任务。

五、相对固化的人际社交

工作生活中，良好的人际环境不仅是潜水员自身心理的需要，也是安全潜水作业的重要条件。潜水员人际环境相对狭小，社交群体中人员数量较少、性别单一，尤其是长时期外出作业期间，使陆上期间的个人工作区域、社交区域、个人区域融为一体，无论是工作还是休息期间，潜水员始终刻板地充当着一个职业角色，在领导管理下工作、生活。这种工作制度、固定角色、专业化工作，无形中会给潜水员产生一种心理上的压力，再加上远离家庭亲人、同事、朋友，缺乏沟通与亲近，有心事无法向亲人倾诉等等，使潜水员情绪容易波动。另外，潜水作业又是一项个人与集体相结合，独立工作与集体工作相配合的工作。作业期间，需要潜水员独立完成潜水、出水过程和水下操作过程，在完成复杂水下作业任务时，还可能需要 2 名以上潜水员的水下合作。在作业过程中，潜水员还需要在水面人员的密切配合下，才能顺利、安全地完成潜水作业任务。出现配合失误，极有可能导致潜水事故，轻则影响工作进度，重则引起人员伤亡。因此，潜水员不但要有善于社会交往的能力、很强的独立工作能力，还要具备良好的团队协作精神。

六、相对复杂的技能要求

如前所述，潜水作业涉及领域众多，作业任务复杂、要求较高。作业时，还要根据不同的任务要求，选择不同的潜水种类，如常规空气潜水、混合气潜水、饱和潜水等。因此，对于潜水员来说，要胜任岗位要求，就必须学会和掌握各种潜水技能，掌握安全保障和逃生技能；熟悉各种水下工程，掌握多种水下操作技能；同时还要熟悉各种潜水装具、装备、设备以及操作工具的结构、原理、性能及其使用方法。

七、相对单调的工作生活

潜水员潜水作业期间，尤其是出行作业时间较长时，每天周围环境没有多大变化，同样的住舱，同样的湖海，同样的灯光、颜色、气味，每天按相对固定的程序周而复始地工作和生活，显得生活单调，缺乏生气。由于感知觉负荷不足，再加上离开家人，沟通较少，有的潜水员可能会出现寂寞、孤独、烦躁、情绪不稳等现象。特别是饱和潜水作业期间，潜水员居住在狭小的高压舱内，在氦氧混合气体的高压环境下说话声音改变，无法用语言进行交流；在这种压力下，潜水员听力受阻，呼吸阻力加大，食物粘牙，味觉迟钝，全身有挤压感，手脚活动费力；舱里没有白天黑夜，睡觉不能关灯，而且始终保持着 38 ~ 40℃ 的高温，易使人烦躁，产生疲劳；舱内信息闭塞，娱乐主要是看书或打牌，生活十分单调。

第二节 潜水职业对潜水员心理素质的要求

心理素质是个体心理健康的内源性因素，心理健康是心理素质的重要外在表现。心理素质健全且水平高的人,一般来说心理健康水平也比较高。心理素质健全且水平高的人即使出现心理健康状态不佳,也比一般人更具有自我康复的能力,会主动调整和控制自己的行为,克服心理困扰,从而具有良好的主观选择与适应性。因此,维护潜水员心理健康关键是要提高和健全潜水员的心理素质。

潜水作业高风险的职业特点,不仅要求潜水员有健康的体格,还要具备能够胜任潜水职业岗位的心理素质。随着科学技术的发展,潜水装具、装备及其性能日趋成熟,潜水作业过程中生命保障、医学保障和环境卫生保障措施日趋完善,潜水员心理素质更是成为提高潜水作业效率、保障潜水作业安全的重要因素,也因此成为职业潜水员职业适宜性选拔的重要内容。

潜水员到底应具备哪些心理素质呢?尽管国内外对潜水员心理素质的研究,由于测验内容、方法以及测验对象的差异,因此得出的结论也不尽相同,但是对职业潜水员应具备的心理素质要求的认识是基本一致的,主要有以下四个方面。

一、积极的职业动机

动机是建立在个体需要的基础上的,对人的行为具有动力作用。潜水员积极的职业动机是一种良好的心理状态和心理素质。潜水员积极职业动机的确立,有利于增强潜水员职业责任感和归属感,有利于潜水员对潜水职业的积极适应,有利于潜水员自我效能感的增强,以及工作积极性和创造性的激发和维持。

二、良好的个性品质

个性品质表现在人对客观事物的对待活动中,虽不直接参与对客观事物认知的具体操作,但是对认知操作具有动力和调节机能,是心理素质要素的动力成分。由此可知,个性能影响个体对事件的认知评价和应付方式,并产生相应的生理、心理和行为反应，从而影响个体对环境的适应性。另外，良好个性品质的形成也反映了自我意识的成熟。因此，情绪稳定、自信自立、乐群友善、恪尽职守、意志坚毅、敢于尝试、高创新性和适应性强的个性特征是潜水员适应潜水职业、胜任潜水职业岗位、顺利完成作业任务的动力保障，也是潜水职业对潜水员心理素质的要求。

三、较高的认知水平

实践表明，潜水作业效率的高低、潜水事故的发生与否，除了与潜水装备的性能、潜水作业的外部环境和潜水技术等有关之外，还与潜水员的心理素质密切相关。其中潜水员的心理认知能力作为心理素质体系的重要组成部分是保证潜水作业特别是大深度潜水和饱和潜水作业安全及潜水员自身安全的重要因素。潜水员职业的特殊性对潜水员心理认知特征有着特殊的要求，主要表现在智力（智力、图形数字编码能力、记忆广度）、注意品质、感知能力（暗适应、深度知觉、场依存）和反应—运动能力（动作稳定、反应时、动觉记忆）四个方面。潜水员的认知特征和较高的认知水平是适应潜水作业的特殊需要，但是潜水员的认知水平也会受到潜水作业的各种影响，尤其是在大深度的饱和潜水作业时更加明显。因此，潜水员认知水平的训练和提高对职业适应十分重要。

四、较强的适应能力

适应能力是心理素质的重要内容之一。适应不是独立的心理过程。适应是个体与所处环境的互动关系。个体在与环境相互作用的过程中，需要通过认知的作用，不断地调整自我心身状态，使自身与现实环境不断保持和谐一致，从而达到适应环境、改造环境，同时发展自我的目的。适应能力是潜水员心理素质的重要特征。潜水员身处复杂的作业环境和特殊的生活环境需要具有较强的适应能力。这种较强适应能力的实现,一方面要求潜水员确立积极适应的态度,另一方面要重视良好个性的养成和认知水平的提升,不断调整自己的不适应行为,主动应对和适应职业环境。潜水员适应能力是潜水职业特点的要求,也是完成水下作业任务的需要。

第三章

潜水员的感知能力

第一节 潜水员的感知能力及其作用

一、潜水员感知能力概述

感知能力是潜水员的一种重要能力,它与水下安全作业有着密切的关系。综合分析以往存在的潜水事故,发现潜水员在水下作业时,因感知觉引起的水下事故较多。此外,在水下作业过程中,潜水员需要根据自己感知到的信息,结合自己的经验,对明暗度、深度、空间位置等进行准确判断,并在此基础上进行决策。任何一个信息的把握失误,都有可能造成决策失误或不及时,很可能导致事故的发生,甚至危及生命。

因此,在进行水下安全作业时,潜水员的感知能力是十分重要的,它关系到潜水员的判断力。那什么是潜水员的感知能力呢?感知能力就是对感觉刺激、知觉刺激赋予意义进行认知的水平,取决于感官对刺激的敏感程度,以及经验和知觉决定对刺激的判断。如潜水员对水下环境的明暗度、深度等做出判断,就是一种感知能力。其高低与人的感觉灵敏度、水下作业经历等因素有关。感觉灵敏度越差,感觉的时间就越长,进而出现视而不见的情况,尤其是阅历浅、经验少的潜水员,可能导致出现措手不及的情况。因此,潜水员感知能力的强弱是影响水下作业安全的一个重要因素。

二、潜水员感知能力包括哪些方面

一般来说,潜水员的感知能力包括以下两个方面。

(一)感知周围环境的能力

对周围环境的感知能力是指潜水员从潜水钟进入水中,并进行水下作业回到潜水钟内整个过程中,对自己所处的水下环境的感觉和知觉能力,包括静态环境和动态环境感知。通常人对所处环境的静止状态的感知要比处于运动状态时的感知准确一些。

1. 对低温的感知

由于水的比热容(简称比热)比空气大,太阳的辐射热通过水的热传导只能达到一定的深度,因此,在不同的水深,海水的温度不同。一般情况下,海水温度随深度的增加而降低。海水中间层,即水下 10~20m,温度变化较大,如我国北方海域 5 月份海水中间层水温为 13~6℃;海水 20m 以下直至海底为下层海水始终保持在 6℃以下。由于海水温度一般都低于人的体温,且潜水员作业多在一定的深度下进行(常常在 30m 以下的下层水域),因此,潜水员作业时需要准确感知温度的变化,并进行必要的保暖,否则体温很快就会散失,进而影响水下作业,甚至危及生命。

2. 对高压的感知

人在正常大气压下,身体承受的压力总和可达 15~16t,但并不发生损伤,也无受压的感觉。当潜到水下 90m 深度时,身体承受的压力达到 150~160t,如此大的压力是常人无法承受的。因此潜水员对于自己身体所承受的压力感知尤为重要。当机体受压时,能够清楚地配合使用有效方法,使机体内外和身体的各个部位均匀受压,这对于能否适应大深度潜水具有重要的作用。

3. 对水的阻力的感知

潜水员在水下作业过程中,会受到水的阻力的影响。由于潜水员在水下工作时,身体是直接与水接触的,因此相互碰撞,形成阻力。身体与水接触的面积越大，受到的阻力就越大。水的阻力会妨碍潜水员的水下作业，为了克服水的阻力而额外消耗其能量，从而导致其在急流中发生潜水事故。因此在实际潜水作业时，水流速度超过1m/s，通常被认为水的阻力太大，是不宜进行潜水作业的。

4. 对水的浮力的感知

由于潜水员在水下作业时，需要穿潜水衣，戴潜水帽，体积的增加大于其重量的增加，并使其下潜到水中相对困难，或者不能下潜，此时需要潜水员正确感知自身所受到的水的浮力的大小，从而决定自己需佩戴合适重量的压铅或潜水鞋等重物，既不影响水下工作，又可防止放票，从而保障生命安全。

（二）感知自身身心状况的能力

潜水员需要具备感知自己身心状况的能力，这对于安全进行潜水作业至关重要。一般情况下，对身体状况的感知，包括身体是否健康，有没有出现身体上的不适感，是否处于亚健康状态等等。对心理状况的感知也是必要的，包括情绪是否积极、能力能否胜任等方面。

亚健康的24种状态

（1）浑身无力。

（2）容易疲倦。

（3）头脑不清爽。

（4）思想涣散。

（5）头痛。

（6）面部疼痛。

（7）眼睛疲劳。

(8)视力下降。

(9)鼻塞眩晕。

(10)起立时眼前发黑。

(11)耳鸣。

(12)咽喉异物感。

(13)胃闷不适。

(14)颈肩僵硬。

(15)鼻塞眩晕。

(16)早起有不快感。

(17)睡眠不良。

(18)手足发凉。

(19)便秘。

(20)心悸气短。

(21)手足麻木感。

(22)容易晕车。

(23)坐立不安。

(24)心烦意乱。

三、潜水员的视觉有什么特点

视觉在潜水员安全潜水方面起到了非常重要的作用。潜水员只有具有良好的视觉特性,才能在潜水过程中看清水下环境,准确、高效地进行水下作业。潜水员的视觉特性包括很多方面,如静视力、视野、深度视觉、能见度等。

(一)静视力

视力即视敏度,指的是分辨遥远的物体或物体细微部分的能力。静视力则是在人和观察对象都处于静止状态下所检测的视力大小。这是个体对外部客观世界进行观察的基础,可以说没有良好的静视力,就不能看清周围的环境,将导致操作失误,引发事故。潜水员在水中的视力会下降到1/200～1/100，视力的急剧下降非常不利于潜水作业。

(二)视野

眼睛除所注视的目标外，还能看见一定空间范围内的物体，这种能看见的空间范围就是视野。一般正常人双眼的综合视野在垂直方向上约130°(视水平线上方60°，下方70°)，在水平方向约为180°(两眼内侧视野重合约60°，外侧各90°)。由于屈光度的减小以致视野边缘上的光不能折射到视网膜上，因此，潜水员在水中的视野会降低到空气中的3/4。

(三)深度视觉

深度视觉是对物体形状、大小、远近、方位、距离等特性的视觉，主要产生于空间远近不同的刺激物造成两眼视觉上的差异，即双眼视差。一般双眼视力正常的人都具有正常的深度视觉，只有极少人深度视觉较弱，甚至缺乏深度视觉，而深度知觉较差的人，往往是单眼工作，另一只眼没有发挥作用，或双眼工作不协调、不同步，因而对距离判断极不准确，容易操作不当，发生事故。潜水员在水中的空间视觉的改变主要是位移、放大和失真。

(四)色觉

色觉是指人在正常照明条件下辨认不同颜色的能力，取决于人眼感光细胞中的视锥细胞。但有一小部分人的视锥细胞有缺陷或功能缺陷，造成部分地或全部地丧失辨别颜色的能力。在潜水过程中，由于太阳光射入水中后，随着水深的增加逐渐被吸收，并造成不同波长的色管先后在不同的深度被滤掉，因而使人的色觉发生改变。比如，在水深10m深处，人体流出来的血看上去不是红色而是蓝绿色，这就是由人的色觉的变化导致的。

(五)能见度

能见度是指物体能被正常视力看到的最大距离，也指物体在一定距离时被正常视力看到的清晰程度。在潜水过程中，由于水对太阳光的反射和吸收，因而使水下照度低，能见度也较低。在深水处几乎是漆黑一片，什么也看不见。

潜水员如何养护自己的眼睛

对于潜水员来说，养护好自己的一双眼睛，十分重要。潜水员如何才能养护好自己的眼睛呢？主要的方法有八种。

一是洗目。经常以热水、热毛巾或蒸汽等熏浴双眼，促进眼部的血液循环，防止眼睛患病。

二是养目。平时注意饮食的选择和搭配，多吃对眼睛有利的富含维生素、矿物质和微量元素的食物，营养眼睛，避免因缺乏某种维生素、矿物质和微量元素，影响到眼睛健康，造成视力下降。

三是动目。适当运转眼球，锻炼眼球的活力，以达到舒筋活络，改善视力功能的目的，使眼球更加灵活、敏锐。

四是摩目。经常用手按摩双眼，不仅可保持眼部的青春活力，而且可预防视力下降。特别是中年潜水员，更应该这样做。

五是极目。在休息时，应利用短暂的瞬间，将身体直立，放松眼球，极目平视远处，以缓解眼部疲劳。

六是惜目。精心爱惜自己的眼睛，注意用眼不要过度。除在工作中需集中精力用眼外，平时看电视、看书等，都要严格限定次数和时间，不可过长、过滥。

七是护目。要千方百计保护好眼睛，不要用沾上油污、灰尘等脏物的手巾去擦眼睛，不要和别人共用毛巾，尤其是不能用有眼病人的毛巾。平时，在强光下，最好戴墨镜、茶镜等护目。

八是治目。一旦得了眼病，除注意休息外，还要及时治疗，以免病情加重。如发现眼睛屈光不正，就要通过验光，选戴合适的眼镜。

四、潜水员的听觉特点

听觉对潜水员安全潜水有着非常重要的作用。良好的听觉特性，有利于潜水员在水下作业时与水面保持联系，从而有效地进行潜水作业。潜水员的听觉特性包括听力、听觉辨别能力等。

（一）听力

在水下作业时，潜水员听力会发生比较明显的变化。由于高压气体不同于空气，因此，声音在稀有气体中的传播不同于在空气中的传播。此外，由于人的感音方式由气导为主改变为由骨导为主，因此听觉的阈值提高，所以人在水中听到的声音会变小。这对于水下工作的准确性和高效性是不利的。

（二）听觉辨别能力

潜水员在水中判断声源之间的距离，常常比实际距离近，仅仅是实际距离的四分之一，这是由于声音在水中的传播速度较快。潜水员在水中对辨别音源方向的能力极度降低，常常出现判断错误。因为在水中人接受声源主要靠骨导，甚至整个身体，同时声音在水中的传播速度较快，到达两耳的时间差很小，不易分清先后，因此辨别音源方向变得困难。

此外，水对不同频率声音的吸收不同，表现为对低频率声音的吸收量大于对高频率声音的吸收量，从而导致音色的改变。

潜水员应如何保护自己的听觉

（1）尽量避免各种噪声。长期处于噪声环境下，容易导致听力老化。如果营造一个较为安静的工作、学习和生活环境，就能减少噪声对听力的不良影响。

（2）避免乱挖耳朵。平时不要随便用不洁的小木棒、发夹等挖耳止痒，以防损伤耳道深处的鼓膜，引起外伤性鼓膜穿孔和化脓性中耳炎等病变，造成不同程度的听力减退。

(3)避免使用耳毒性药物。如链霉素、庆大霉素、卡那霉素、新霉素、奎宁及其衍生物等，以免发生药物中毒性耳聋。

(4)避免耳周高气压的影响。如参加游泳、跳水等运动时，注意不要让耳朵先接触水面；遇到燃放鞭炮，应距现场 3m 以外或用手捂住耳朵；不能用手掌击人耳部等。所有这些，都是保护耳内鼓膜不受气压的刺激而发生外伤性耳聋。

(5)少吃高脂肪食物。血中胆固醇的浓度过高，造成血管壁的粥样硬化，血管硬化使得内耳血液供应减少，听觉器官营养不良，导致听力减退或发生耳聋。

(6)积极医治感冒。因为感冒能影响耳咽管(从咽部到中耳腔的管道)的通气程度。另外，如用力不当擤鼻涕，会使鼻涕中的病菌进入中耳腔，容易引起中耳化脓感染，影响听力。

(7)避免长时间使用“随身听”。高音量的音频声对听觉器官造成疲劳、损伤，从而导致听力下降，甚至发生耳聋。

除了视觉和听觉外，潜水员的味觉等其他感知觉也会受到影响。

第二节　影响潜水员感知的因素

一、外部因素

在嘈杂环境中和在安静环境中的听觉感受性是不同的，潜水员感知能力的变化，很大一部分原因是来源于外部环境。由于水下环境与地面上的环境不同，水下的高压、低温、黑暗、急流等复杂环境都会对潜水员的感知产生影响。

潜水员感知的对象与环境的对比度越大，被注意到的可能性越大。那些强度较强、体积较大、运动变化、色彩鲜艳的事物,更容易被人注意到而被选择成知觉对象;相反,那些强度弱、体积小、静止不动、色彩灰暗的事物,则容易被忽略。知觉对象外观的相似性、空间上的接近性、时间上的接近等特点也会影响知觉的整体性和理解性。人们通常把外观相似,或者在空间上、时间上比较接近的知觉对象作为一个整体加以识别,把他们归为同一类别。另外,必须注意到,人们常很自然地认为一个人对任何客体的知觉的主要决定因素是客体本身的特点,实际上并非如此。当知觉对象变得越来越抽象时,人的知觉受知觉对象本身特点的影响越小,而受知觉者及环境因素的影响越大。

此外,一定时间内事件发生的数量和性质也会影响人的感知。在一定时间内,事件发生的数量越多,性质越复杂,人们倾向于把时间估计得较短;而事件的数量少,性质简单,人们倾向于把时间估计得较长,进而产生了感知上的判断错误。

二、内部因素

潜水员的感知能力除了受外部因素的影响外,还会受到内部因素,即潜水员本身的个人因素影响。正如感冒会影响人的味觉、嗅觉一样,潜水员身体状况的好坏同样会影响其感知觉能力。此外,潜水员个人的经验、态度、情绪状态、需要、职业特点、个性、兴趣等心理特征也会对其感知能力产生影响。潜水员的经验不同,观察问题的角度和内容就不同,在水下作业时,其对整个过程的感知以及对一些刺激的认识是不同的。一个人在特定时刻所体验到的特殊情绪状态强烈地影响个体对环境刺激的选择和解释,这种情绪状态包括愤怒、愉快、恐惧、焦虑、绝望等。另外,潜水员的职业特殊性决定了其在对事物的感知方面不同于其他职业。其他的因素如一个人的需要、个性、兴趣等对感知觉都会产生不同的影响。

第三节 潜水员感知能力的培养

潜水员在水下作业时，由于内外环境的变化，会导致感知能力发生相应的变化。随着我国潜水医学的发展，以及航海经验的日渐丰富，已出现了相当多的应对方法，主要是潜水工具以及潜水条件的改善，并且已使用到潜水实践中去。因此，以下将对潜水作业过程中潜水员的深度知觉的培养进行叙述。

深度知觉的准确性对其潜水安全具有重要意义。一般来说，影响潜水员深度知觉的因素包括客观因素，如水下高压条件、能见度、低温条件等。另外还有一些主观因素，如潜水经验以及自身的生理、心理状态等也会影响潜水员深度知觉的准确性。因此，潜水员可以通过有意识的训练，提高其深度知觉的准确性。

在潜水作业过程中，潜水员可以有意识地判断前方物体的形状、距离、方位，在工作中进行练习。只有通过不断的练习，才能判断准确。目击物体时，距离远就显得小，距离近就显得大，大小在感觉上随距离远近而变化。潜水员必须在作业实践中反复体验，才能掌握物体的真正大小和距离，保证水下作业的准确性和高效性。

潜水员的情绪调控

情绪是一个人的心理状态在情感上的外部反映，是人们心理体验的一种外在表现。有一些情绪，能带给我们幸福、愉快的体验，比如兴奋、快乐、勇敢、满意等等，这些情绪会对我们的学习、生活和工作起积极的推动作用，这属于积极情绪或正性情绪。但是也有一些情绪，比如痛苦、愤怒、惊慌、沮丧等等，会阻碍我们的学习、生活和工作，会给我们带来消极方面的影响，使人心灰意冷、意志消沉，这些情绪属于消极情绪或负性情绪。

心理学认为情绪是一个人对现实是否符合自己需要而产生的态度体验，即反映了客观事物与人的需要之间的关系。它是个体对客观现实的反映，产生的根源在于客观现实本身。正常情况下，我们说能满足人的需要的事物都会引起积极的情绪，而不能满足人的需要的事物，则会引起消极的情绪。

第一节 对情绪的认识

一、情绪的成分

情绪是人们对外界刺激的复杂反应，是一个多成分的复合过程。因此关于情绪的成分，大部分心理学家都认为情绪是由独特的主观体验、外部表现和生理唤醒三种成分组成的。

（一）情绪的主观体验

情绪的主观体验是情绪最重要的成分，也是必不可少的成分。在潜水过程中,潜水员所感觉到的诸如快乐、恐惧、愤怒等个体的独特的感受就是情绪的主观体验。这些感受构成了情绪的心理内容,是心理活动中一种带有情绪色彩的觉知,这种独特的色彩觉知是在意识层面上的一种感受,被称为体验。

很多情况下,人们往往会因为自己所处环境的不同而产生不同的情绪体验,也就是说,个体情绪的主观体验与个体对情境的评价和动机状态有关。比如,在潜水过程中,潜水员认为自己所处的水下环境是安全的,操作是规范的,即会产生积极的情绪感受和体验;反之,则会产生消极的情绪感受和体验。同样,如果个体所处的情境与自己的目标一致或可帮助实现自己的目标,将引起愉快和兴趣等情绪感受;反之,就会产生消极情绪体验或无情绪体验。

(二)情绪的外部表现

通常我们所说的表情就是情绪的外部表现。情绪的外部表现是表达情绪的重要成分,也是一个客观的指标。一般情况下,我们熟悉的情绪的外部表现包括面部表情、言语表情、身体姿势和手势。比如高兴时眉毛平展,面颊上提,嘴角上翘;痛苦时有人捶胸顿足;愤怒时有人摩拳擦掌等。言语表情中我们常见的是语调,语调表情是通过言语的声调、节奏和速度等几个方面表达。比如高兴时语调高昂,语速较快;痛苦时语调低沉,语速较慢。

(三)生理唤醒

个体产生情绪时产生的生理反应就是情绪的生理唤醒,是一种生理的激活水平。不同情绪产生的生理唤醒不同,高兴或满意时心率正常;恐惧或暴怒时,心跳加速,血压升高,呼吸急促。人在清醒的状态下,能够觉察到自己情绪的变化,但是有时候不能够完全控制自己的情绪,因为人的生理唤醒水平是不受个人控制的。因此在司法心理学中,经常使用测谎仪来测试罪犯,其原理就是情绪状态下个人不能控制自己的生理变化,测谎仪测试到的呼吸、汗腺及心跳等个体不能自主控制的反应,可推测罪犯是否在说谎,这在司法监测过程中起到了积极的参考作用。

二、情绪的状态

在不同的事件或情境中,人们会表现出不同的情绪,这就是我们所说的情绪状态。一般情况下,典型的情绪状态有心境、激情和应激。

(一)心境

心境是一种比较微弱、持久的,且能够影响人的整个精神活动的情绪状态。心境强度较微弱,具有一定的弥散性,即某种心境一旦产生,就会以同样的态度去对待身边发生的一切事物,并且每时每刻都会受这种情绪状态的影响。例如,在心情舒畅的情况下,个体对待事物会产生愉悦的情绪体验,觉得一切都很顺心舒适,觉得很幸福。但悲伤时会让人感到做什么事情都枯燥无味,心情低沉,无精打采,感觉自己很不幸。此外,心境持续的时间较长,有的持续几小时,有的甚至几天、几周、几个月或更长时间。比如一件成功的事情会让人开心很长时间,但遇见不如意的事情也会让人郁闷很久。

心境产生的原因是多方面的。潜水员的个人学习情况、工作的顺利与否、人际关系的好坏、身体健康状况,甚至潜水员长期所处的自然环境都可以成为引起某种心境的原因。尽管使心境产生的原因很多,但个体对此不一定都能意识到,并且这种情绪状态会伴随个体较长一段时间。

心境对潜水员的工作、生活以及健康都具有很大的影响。良好的心境有助于潜水员积极地发挥,提高工作效率,增强信心,对未来充满希望,更有益于健康;消极、不良的心境则会削弱潜水员的工作热情,使其容易意志消沉,无法正常工作,产生不安全行为,甚至危及生命。

如何敏锐地觉知自己的心境变化，提高应对不良心境的能力，对于潜水员来说尤为重要。潜水员在平时的工作中若感觉到精神疲惫，做事提不起劲，情绪低沉，这说明他正被某种不良的心境困扰着，此时应有意识地寻找使自己产生不良心境的原因，努力克服消极情绪。在工作上要有目的性、计划性，使所有的事情都能在自己控制的范围内，井井有条地进行，恰当地应对不良心境对自己造成的影响。

（二）激情

激情是一种强烈的、持续时间短暂、表现剧烈的、爆发性的情绪状态。这种情绪状态是由对个人来说意义重大的事件引起的。比如重大成功后的狂喜，被激怒后的暴怒，惨遭失败后的绝望，亲人突然死亡引起的极度悲伤，突如其来的危险产生的异常恐惧，都属于激情。人在激情的支配下，常常能调动身心的巨大潜力。激情往往在一瞬间爆发，而且会有较严重的后果。

激情爆发时，人会有比较明显的变化。比如，狂喜时眉开眼笑，手舞足蹈；暴怒时，全身肌肉紧绷，满脸通红；极度悲伤后可能会言语紊乱，动作失调，甚至导致精神崩溃。那激情产生的原因是什么呢？一般情况下，激情都是由生活事件引起的，尤其是对个人有着特殊意义的事件更容易导致激情的产生。人处在激情状态中，往往会改变原来的观点，发生不同寻常的行为。比如，潜水员如果处在激情状态下，就不能充分意识到自己的行为，不能预见某些行为的结果。在水下工作时，遇到突发事件，产生了极大的恐惧，如果不知所措或是仓皇而逃，后果往往是不堪设想的。激情状态对潜水员来说是十分危险的，此时潜水员对所遇到的情况不能做出正确的判断和评价，因此会做出不争取的反应，进而危及自己的生命，造成重大的潜水事故。

激情也有积极和消极之分。积极的激情与理智、坚强意志相联系，能激励人们克服艰险，攻克难关，鼓舞潜水员的士气，调动其内在潜力，成为推动各项工作的动力；消极的激情，往往会束缚潜水员的认识范围，抑制理智分析的能力，削弱自我控制的能力，从而使水下工作的安全性得不到有力保障。

潜水员如何提高应对激情的能力呢？

（1）在预测到事态发展可能引起激情时，要做好思想准备，以便正确对待，要学会自我暗示。在感到自己要发脾气时，即进行自我暗示，反复默念“要冷静”“不要发火”等，这样，既增强了大脑中理智思维的强度，也疏散了外界刺激引起的狭窄激情。

（2）在面临激情时，采取必要的措施，免受激情的困扰和损害，如经常增强意志锻炼，学会克制自己。

（3）根本方法：加强自我的思想修养，培养文明的道德行为习惯；处处以事业和大局为重，学会宽以待人。

（三）应激

美国精神病学者霍姆斯和瑞（Holmes & Rahe，1967）编制了应激评定量表，对影响人的情绪的各种事件加以观察和分析，他们归纳了43种生活事件，并按影响个体情绪的激烈程度加以排列和评分。其中，影响情绪的前20种生活事件的排列情况见表4-1。

影响情绪的前20种生活事件　　　　表4-1

排列顺序	生活事件	影响程度评分
1	丧偶	100
2	离婚	73
3	分居	65
4	判刑	63
5	亲人死亡	63
6	受伤或患病	53
7	结婚	50
8	解职	47

续上表

排列顺序	生活事件	影响程度评分
9	复婚	45
10	退休	45
11	亲人健康变化	44
12	怀孕	40
13	性生活不协调	39
14	家庭中增加新成员	39
15	工作的重新调动	39
16	经济状况的变化	38
17	好友死亡	37
18	工作岗位变化	36
19	夫妻争执	35
20	超过一万美元借款	31

应激是在出乎意料的紧迫与危险情况下引起高度紧张的一种情绪状态，是各种不好的、具有危害性的刺激共同作用于个体的反应。比如突然遇到自然灾害时，人们就会高度紧张，此时需要集中个体所有的智慧和经验，动员全身的力量，迅速做出反应，采取积极有效的行动，才能避免自身受到伤害。潜水员在实际水下工作中，如供气措施突然发生故障，潜水员需紧急与水面工作人员联系终止工作，或者水下遇到急流，应需迅速判断情况，在瞬间做出决定，且利用过去的经验正确应对等等。这些紧急的情况会使人的整个机体迅速被激活，心率、血压、肌肉紧张度发生明显变化，从而引起情绪的高度应激化和行动的积极化。

在应激状态下，潜水员可能会有如下的表现：

(1)认识变得狭窄，注意力集中于一点，很难做到分配和转移；

(2)认识外界情况的欲求变弱，对外界情况认识不充分；

(3)对外界情况只能做出“有”或“无”的判断，难以在数量和程度上做出判断；

(4)往往对一些事情不加思考就做出判断；

(5)情绪的波动较明显，难以抑制自己的情绪，以便做出理性的判断；

(6)动作的准确性下降，难以做出两个以上的协调动作；

(7 反射性、习惯性的动作增加；

(8)容易出现毫无目的的多余动作，即手忙脚乱，严重时失去操作能力。

潜水员在应激状态下出现上述表现主要有两个原因：一是本身的意志能力降低，会感到难以自制的心慌和紧张；二是过度紧张导致对突发事件的判断不准确。

如何提高潜水员应对应激的能力？首先，平时应注意培养自己的敏捷性和果断性，加强应对危机状态的技能训练。其次，提高在意外情况下迅速做出判断和决策的能力，这对应付应激状态极为重要。

三、情绪在社会实践中的作用

情绪无处不在，它是每一个人心理活动的重要表现，任何事情的发生和发展都会在情绪上有所体现。那情绪在我们的社会实践过程中到底起到什么样的作用呢？

(一)情绪与生活

情绪渗透在我们社会实践的各个领域，会影响现实生活的方方面面。换句话说，人们的生活中充满了各种各样的情绪体验。生活的酸甜苦辣，人生的悲欢离合无时无刻不在体验着。正是因为这样，人们的生活才会丰富多彩。情绪的感受是衡量我们生活水准的重要尺度，生活幸福的人会经常体验到积极快乐的情绪，而生活不幸福的人则时刻体验到消极悲伤的情绪。因此，人们每天感受着各种情绪，他们在享受情绪的同时也会受到情绪的困扰，正是因为这些困扰使人们变得更加成熟。

潜水员由于长期出海，远离家庭和社会，既无法尽到对家庭的责任，也担心子女的成长和教育，生活环境单调、枯燥，设施简陋，饮食条件差，社会活动受到限制等等，都会使他们产生消极的情绪。但这些消极的情绪会使潜水员反省，更加客观地看待自己的生活，珍惜休息时得来不易的生活。

（二）情绪与工作

由于潜水员工作的特殊性，单独水下作业，工作负荷大，环境差等，由此引发出多种社会问题和心理问题，而这些问题多与潜水员的压力有关。适当的压力、良好的情绪体验有助于效率的提升，但压力太大往往会适得其反。因此，潜水员需要加强情绪的管理。领导要调动潜水员的积极性，不仅要让他们尝到“甜头”（即幸福感），更重要的是让他们有“盼头”（即希望），要让潜水员明确自己的工作责任，参与决策，自主活动。

此外，潜水员的职业倦怠问题也是值得关注的，这从某种程度上恰恰说明了情绪的重要性。对潜水员这一职业来说，职业倦怠会削弱其工作的积极性，有时候带来的后果可能是无法挽回的，甚至是致命的。

（三）情绪与学习

由学习所导致的情绪问题在潜水员这一行业中也比较普遍，它在影响潜水员能力发挥的同时也影响着他们的身心健康。由于职业晋升等需求，潜水员需要自学一些专业基础知识，这对于学历不高的潜水员来说是很困难的，这种困难使潜水员容易产生情绪问题，甚至有人会出现偏头痛、胃肠不适等生理症状。因此，关注潜水员的情绪与学习的关系，在学习过程中进行情绪的辅导是至关重要的。

（四）情绪与健康

在日常生活和工作中，无论做什么事情都会带有情绪色彩。

成功的时候,会感到喜悦;失败的时候,会感到惋惜。情绪调控的好坏直接影响到个体的身心健康。因此,人对社会的适应也可以通过调节情绪来进行。潜水员积极的情绪对健康有着非常重要的作用。情绪失调会使人生病,如引起溃疡、偏头痛、高血压、哮喘等;另外,不良的情绪也会影响潜水员的心理健康,如引起焦虑、抑郁等,进而影响水下任务的完成。

第二节 潜水员情绪的影响因素

一、主观因素

(一)生理因素

人的生理因素是指个体的生理需要是否得到满足。当人的生理需要得到满足时,就会产生积极地情绪反应,如喜悦、高兴、愉快等情绪;当个体的生理需要没有得到满足时,就会产生消极的情绪体验,如愤怒、悲哀、恐惧等。

因此,个体的情绪与生理因素是紧密联系的。当潜水员在生活和工作中遇到身体不适,如头痛、感冒等,也会产生情绪上的消极变化,此时是不适合水下作业的,否则容易产生危险行为。但当其身体不适感消失后,情绪也随之发生积极的变化。

(二)认知因素

个体的认知因素在情绪的体验中是一个非常重要的影响因素。不同的个体,由于做出的认知评价不同,往往会产生不同的情绪体验。比如,两个都想进行饱和潜水水下工作的潜水员,结果两个人都没有能够如愿,这件事情对他们来说确实是一件不顺心的事情。但是,一个人把这件事当作是对自己的考验(做出了良好的认知评价),认为自己还需要继续努力,克服困难,争取下次有机会执行这样的任务,由此产生了较为积极的情绪反应。而另一个人则认为自己很倒霉(做出了不好的认知评价),抱怨领导对自己不公平,偏袒别人,由此产生了消极的情绪体验。

因此,我们要看一件事情到底是好是坏,关键要看你如何认识和评价,并做出怎样的选择。

(三)气质类型

气质是人的典型的、稳定的心理特点,主要表现在情绪体验的强弱、快慢上,潜水员的情绪表现受其气质类型的影响。

(1)胆汁质,也称为不可遏制型或兴奋型。这种气质类型的潜水员情绪兴奋性高,感情强烈,易于激昂,脾气急躁,遇事冲动,情绪体验的波动性比较大。

(2)多血质,也称为活泼型。这类气质类型的潜水员情感丰富,反应灵敏、灵活,接物待人乐观热情,情绪易变,在面临各种应激情境时具有很强的自我调节能力。

(3)黏液质,也称为安静型。这类潜水员情绪兴奋性低,对外界反应慢,情感不外露,遇事冷静,做事三思而后行,情绪不会大起大落,有时表现得压抑,但有很强的自我调节能力。

(4)抑郁质,也称为弱型。这种气质类型的潜水员对外界刺激反应不强烈,而且反应慢,情绪低落,并且情绪压抑,感情脆弱,内心深层情感体验强烈,经不起挫折的打击,容易表现出神经官能症的症状。

气质类型对情绪的影响并不是不可改变的。潜水员可通过艰苦的航海生活,不断塑造自己的个性,磨炼意志,充分发挥气质的积极作用,克服自身的弱点,不断完善自己。

气质小测验

指导语:下面的60道题可以帮助你大致确定自己的气质类型。在回答这些问题时,认为很符合自己情况的,记2分;比较符合的,记1分;介于符合与不符合之间的,记0分;比较不符合的,

记 -1 分;完全不符合的,记 -2 分。

(1)做事力求稳妥,不做无把握的事。

(2)遇到可气的事就怒不可遏,想把心里话全说出来才痛快。

(3)宁肯一个人干事,不愿很多人在一起。

(4)到一个新环境很快就能适应。

(5)厌恶那些强烈的刺激,如尖叫、噪声、危险的情境等。

(6)和人争吵时,总是先发制人,喜欢挑衅。

(7)喜欢安静的环境。

(8)善于和人交往。

(9)羡慕那种善于克制自己感情的人。

(10)生活有规律,很少违反作息制度。

(11)在多数情况下情绪是乐观的。

(12)碰到陌生人觉得很拘束。

(13)遇到令人气愤的事,能很好地自我克制。

(14)做事总是有旺盛的精力。

(15)遇到问题常常举棋不定,优柔寡断。

(16)在人群中从不觉得过分拘束。

(17)情绪高昂时,觉得干什么都有趣;情绪低落时,又觉得什么都没意思。

(18)当注意力集中于一事物时,别的事很难使我分心。

(19)理解问题总比别人快。

(20)碰到危险情景,常有一种极度恐怖感。

(21)对学习、工作、事业怀有很高的热情。

(22)能够长时间做枯燥、单调的工作。

(23)符合兴趣的事情,干起来劲头十足,否则就不想干。

(24)一点小事就能引起情绪波动。

(25)讨厌做那种需要耐心、细致的工作。

(26)与人交往不卑不亢。

(27)喜欢参加热烈的活动。
(28)爱看感情细腻、描写人物内心活动的文学作品。
(29)工作学习时间长了，常感到厌倦。
(30)不喜欢长时间谈论一个问题，愿意实际动手干。
(31)宁愿侃侃而谈，不愿窃窃私语。
(32)别人说我总是闷闷不乐。
(33)理解问题常比别人慢些。
(34)疲倦时只要短暂的休息就能精神抖擞，重新投入工作。
(35)心里有话宁愿自己想，不愿说出来。
(36)认准一个目标就希望尽快实现，不达目的，誓不罢休。
(37)学习、工作同样长的时间后，常比别人更疲倦。
(38)做事有些莽撞，常常不考虑后果。
(39)老师讲授新知识时，总希望他讲慢些，多重复几遍。
(40)能够很快地忘记那些不愉快的事情。
(41)做作业或做一件事情，总比别人用的时间多。
(42)喜欢运动量大的剧烈体育活动，或参加各种文艺活动。
(43)不能很快地把注意力从一件事情转移到另一件事情上去。
(44)接受一个任务后，就希望把它迅速解决。
(45)认为墨守成规比冒风险要强一些。
(46)能够同时注意几件事物。
(47)当我烦闷的时候，别人很难使我高兴。
(48)爱看情节起伏跌宕、激动人心的小说。
(49)对工作抱认真严谨、始终一贯的态度。
(50)和周围人们的关系总是相处不好。
(51)喜欢复习学过的知识，重复做已经掌握的工作。
(52)希望做变化大、花样多的工作。
(53)小时候会背的诗歌，我似乎比别人记得清楚。
(54)别人说我、出语伤人，可我并不这样觉得。

(55)在体育活动中,常因反应慢而落后。

(56)反应敏捷,头脑机智。

(57)喜欢有条理而不甚麻烦的工作。

(58)兴奋的事常使我失眠。

(59)老师讲新概念,常常听不懂,但是弄懂以后就难忘记。

(60)假如工作枯燥无味,马上就会情绪低落。

评分与解释:

(1)把每题得分按下表题号相加,并计算各栏的总分。

胆汁质(A) 2 6 9 14 17 21 27 31 36 38 42 48 50 54 58 合计:

多血质(B) 4 8 11 16 19 23 25 29 34 40 44 46 52 56 60 合计:

黏液质(C) 1 7 10 13 18 22 26 30 33 39 43 45 49 55 57 合计:

抑郁质(D) 3 5 12 15 20 24 28 32 35 37 41 47 51 53 59 合计:

汇总:A( ) B( ) C( ) D( )

(2)气质类型的确定。

如果某类型气质得分明显高出其他三种,均高出4分以上,则可定为该类气质。如果该类气质得分超过20分,则为典型型;如果该类得分在10~20分之间,则为一般型。

如果两种气质得分接近,其差异低于3分,而且又明显高于其他两种,则可定为两种气质的混合型。

如果三种气质得分均高于第四种,而且接近,则为三种气质的混合型,如多血—胆汁—黏液质混合型或黏液—多血—抑郁质混合型。

如果4栏分数皆不高且相近(<3分),则为四种气质的混合型。

多数人的气质是一种气质或两种气质的混合型;典型气质和

数种气质的混合型的人较少。

（四）性格特点

性格是一个人在社会生活过程中逐渐形成的一种稳定的态度和与之相适应的习惯化的行为方式。不同性格类型的人，对于同一件事情会表现出不同的情绪体验。关于性格类型划分有很多种，最为常见的是把性格分为外向型和内向型。外向型的潜水员将自己的注意力指向外部客观事物，表现为喜欢与人交往，善于言辞，积极的情绪体验较多。内向型的潜水员会将自己的注意力指向自身，因此不善于与人交往，比较孤僻、忧郁，有问题不善于表达，喜欢闷在心里，动作缓慢，应变能力差，消极情绪体验比较深刻。

在长时间从事水下任务时，内向型性格的人具有相当的优势，这主要是由于内向型的潜水员在作业时能严于自我监督，且更倾向于回避风险情景，减少紧张刺激，这种风格增加了水下作业的安全性。

性格小测验

指导语：以下 50 个问题，如果符合你的实际情况，则选择“是”；如果不符合，则选择“否”；如果介于两者之间，则不作选择。

（1）能独断独行。　是　否

（2）快乐主义的人生观。　是　否

（3）喜静安闲。　是　否

（4）对人十分信任。　是　否

（5）筹思五年以后的事。　是　否

（6）遇有集体活动愿在家而不参加。　是　否

（7）能在大庭广众中工作。　是　否

（8）常做同样的工作。　是　否

（9）觉得集会的乐趣与个别交际没有差别。　是　否

(10)三思而后决定。　是　否
(11)不愿别人提示,而愿自出心裁。　是　否
(12)喜欢安静而非剧烈的娱乐活动。　是　否
(13)工作时不愿有人在旁观看。　是　否
(14)厌弃呆板的职业。　是　否
(15)宁愿节省而不愿浪费。　是　否
(16)不常分析自己的过去。　是　否
(17)好作冥思幻想。　是　否
(18)自己擅长的工作愿意有人在旁边观看。　是　否
(19)愤怒时不加抑制。　是　否
(20)工作因人赞赏而改善。　是　否
(21)喜欢兴奋紧张的活动。　是　否
(22)常常回想自己。　是　否
(23)愿做群众运动的领袖。　是　否
(24)能公开演说。　是　否
(25)使梦想成为现实。　是　否
(26)很讲究写应酬信。　是　否
(27)做事毛糙。　是　否
(28)好深思熟虑。　是　否
(29)能将强烈的情绪表现出来。　是　否
(30)不拘小节。　是　否
(31)对人十分小心。　是　否
(32)能与观点不同的人自由联络。　是　否
(33)喜欢猜疑。　是　否
(34)轻听人言,不假思索。　是　否
(35)愿意读书不愿做实际工作。　是　否
(36)好读书不求甚解。　是　否
(37)常写日记。　是　否

(38)在众人面前肃静无哗。 是 否
(39)不得已而动作。 是 否
(40)不愿回想自己。 是 否
(41)工作有计划。 是 否
(42)常变换活动。 是 否
(43)对麻烦事情愿意避免而不愿承担。 是 否
(44)重视流言。 是 否
(45)信任别人。 是 否
(46)不是非常熟悉的人不轻易信任。 是 否
(47)愿意研究别人而不研究自己。 是 否
(48)放假期间愿找一静地而不喜欢热闹场所。 是 否
(49)意见常常变换不定。 是 否
(50)任何说话场合均愿意参加。 是 否

性格内外向判定方法：

(1)先根据以下外向性理论选择，确定被测者外向性实际选择数，即统计被测者的选择与外向性理论选择相一致的个数。

外向性理论选择。

题号：	1	2	3	4	5	6	7	8	9	10	11	12	13	14	15
选择：	否	是	否	是	否	否	是	否	是	否	是	否	否	是	否
题号：	16	17	18	19	20	21	22	23	24	25	26	27	28	29	30
选择：	是	否	是	否	是	是	否	是	是	否	否	是	否	是	是
题号：	31	32	33	34	35	36	37	38	39	40	41	42	43	44	45
选择：	否	是	否	是	否	是	否	否	是	是	否	是	否	否	是
题号：	46	47	48	49	50										
选择：	否	是	否	是	是										

(2)计算向性指数。

$$向性指数 = \frac{外向性实际选择数 + 1/2\ 没有回答的总数}{25} \times 100$$

(3)内外向判定：

如果向性指数小于90 ,则属于内向；

如果向性指数大于110 ,则属于外向；

如果向性指数为91 ~109,则属于中性。

(五)职业倦怠

职业倦怠是指工作压力太大、任务过重,导致身心疲惫,产生消极情绪,工作效率下降的现象。职业倦怠会使潜水员产生消极情绪,从而成为潜水工作中的安全隐患。

潜水员在水下作业时,精神始终处于高度紧张状态,有时还会因为收入方面的压力,不得不延长工作时间,这些都会导致潜水员产生职业倦怠,消极情绪随之产生。此外,对于职业潜水员来说,重复劳动、机械工作也是造成职业倦怠的重要因素。

二、客观因素

(一)高温

根据相关研究,高温会影响大脑中与情绪相关的化学物质的分泌,因此高温会使人变得过于兴奋、冲动;同时,高温也会对操作任务带来消极作用,在高温环境中工作和生活的潜水员,其情绪无疑会受到影响。

温度升高不但会导致潜水员注意力不集中和消极情绪增多,而且还会增加潜水员的攻击动机和攻击行为。因此,潜水员平时要多补充水分、保证睡眠,要以平和心态、积极的情绪投身到工作中去。

(二)生活事件

潜水员在日常生活和工作中,经常会遇到一些生活事件,如家庭矛盾、亲人病故、子女成长和教育、工作繁重等现实问题,导致其情绪发生变化,从而影响其安全行为。

潜水员在潜水作业过程中可能出现的生活事件：工作负荷大、单独作业产生的强烈孤单和无助感、与同事的配合不够默契、对作业项目的恐惧、水下作业难度大、时间紧迫、工作流动性大、工作成绩没有得到应有的承认和尊重、工作责任不明确、决策参与程度低、发展机会少等。

（三）环境

环境因素对人的情绪影响是不可忽视的。比如，拥挤的人群常会使人感到紧张、烦躁；灰蒙蒙的天空会使人感到压抑、郁闷；荒山秃岭会使人感到一片凄凉，而青山绿水则会使人感到轻松愉快；素雅整洁的房间，光线明亮、色彩柔和的环境，使人产生恬静、舒畅的心情；阴暗、狭窄、肮脏的环境，给人带来憋气和不快的情绪。

潜水员的工作环境、生活环境和家庭环境都会对其情绪产生影响。工作环境：高气压、高分压氧、低温、能见度差、水流变化莫测、水下地形复杂、水下污染等；生活环境：空间狭小、封闭、隔离、活动范围小、与外界交流受限制、生活单调乏味、设施简单、饮食条件差等；家庭环境：家庭关系不和谐、个人空间的缺乏、家庭经济问题等。

第三节　潜水员不良情绪的调控

一、健康情绪的三个标准

情绪对心理健康影响较大，因此，避开不良情绪，保持健康情绪就显得尤为重要。那么，怎样的情绪才属于健康的呢？其标准又是什么呢？

（一）情绪的目的性明确，表达方式恰当

情绪健康的人能够通过语言、仪表和行为准确地表达自我的情绪，能够采用被自己和社会所接受的方式去表达和发泄自己的

情绪。因此，个人要明确知道产生喜、怒、哀、惧等情绪的原因，并出现与之相适应的情绪体验。一般情况下，获得奖励或某种需要被满足，都会产生喜悦的情绪。个体需要知道是什么导致了喜悦情绪的产生，以及为什么是喜悦而不是愤怒，也不是莫名其妙、不明原因的情绪反应。

（二）情绪反应适时、适度

情绪健康的人，其情绪反应不论是积极的还是消极的，都是由一定的原因引起的。情绪反应的时间要恰当，如果环境变化没有引起相应的情绪变化，则情绪可能会出现异常的反应。比如，亲人亡故、恋人失和，情绪反应可能既强烈，持续时间又长，但如果因此而毫无止境地陷入某种情绪中不能自拔，也是不利于身心健康的。

此外，情绪反应的适度应与引起该情绪的情境相符合。当出现某种情况后，过强或过弱的反应都会对人的健康产生危害。比如，遇到某些情况时，个体出现了日不思食，夜不能寐，甚至轻生等行为，就是反应过分强烈了；但如果有人会因落榜而欣喜若狂，也是不正常的情绪反应。一旦出现笑不敢张口，哭不能流泪，怒不敢言语的情绪反应，对人的健康肯定是有危害的。

（三）积极情绪多于消极情绪

情绪健康并不否认消极情绪存在的合理性和它的意义，但情绪健康的人必须是积极情绪大于消极情绪的，而且所出现消极情绪的时间短、程度轻以及对象明确。

那么，一个情绪健康的潜水员应该具备哪些特点呢？

（1）开朗、豁达，遇事不斤斤计较，不为一些鸡毛蒜皮的小事大动干戈。

（2）情绪正常、稳定，很少大起大落或喜怒无常，能承受欢乐与忧愁的考验。

(3)能给人以爱和接受别人的爱，待人热情，助人为乐，有同情心。

(4)谈吐风趣、幽默、文雅。

(5)自信、乐观、有主见，能独立解决问题，创造性地工作。

(6)明智、少偏见，能正确认识自己和他人的长短处。

(7)对前途充满信心，富有朝气，勇于上进，坚韧不拔。

(8)对平凡的事物保持兴趣，能不断从生活环境中得到美与快乐的享受，既会工作，也会消遣。

(9)尊重他人，能与人为善，和睦相处，建立良好的人际关系。

一个人的情绪是否健康，如缺乏客观标准，自己很难知道，我们可以通过下面的小测试，诊断自己的情绪，一旦发现情绪有不正常的表现，就应当迅速加以调整，以促进身心健康发展。

不良情绪下的不良习惯，你有么？请大家对照下面的情况自我检查，看看自己是否有这些不良的习惯：

(1)习惯性肌肉抽搐、皱眉、做鬼脸、用手指绞头发、眨眼、咬嘴唇、咬指甲、口吃。

(2)常常脸红或脸色苍白，手指神经性颤动，身体僵硬，小便频繁。

(3)多愁善感，郁郁寡欢，常独自沉浸在回忆之中，消极悲观、厌世。

(4)过分羞怯、恐惧，常怕见生人，拒绝在游戏中担任角色，喜欢独处。

(5)凶暴残忍，有破坏行为，常以戏弄、虐待动物或他人为乐。

(6)情趣低级，服饰习惯颠倒或混乱。

(7)过分关心异性，力图发生身体上的接触。

二、如何控制和调节潜水员的不良情绪

潜水员情绪与安全生产之间有着非常重要的关系。潜水员

保持健康稳定的情绪,有利于激发良好的精神状态,有利于促进安全生产。反之,不健康或消极情绪会导致潜水员生理和心理的变化,不仅影响健康,还会给潜水作业埋下安全隐患。因此,潜水员学会调控自己的情绪,克服消极的不良情绪尤为重要,具体可参考以下几点。

(1)使情绪获得适当表达的机会。情绪是一个人本身所具有的,表达自己的情绪是正常的心理反应。当潜水员面对引起不良情绪的情境时,要学会理性思考、积极面对;学会自我调控;学会情绪的适度表达和合理宣泄。比如,当你遇到困惑时,可以找朋友或同事聊聊,倾诉自己内心的苦恼,也许你还可以听到许多有益忠告和建议,给你带来启发。另外,还可以通过放松宣泄的方法来调整自己的情绪,比如面向大海大喊几声,做做深呼吸,进行放松训练、音乐调节等。

(2)学会从光明的一面去观察事物。不少人总以负性的心态看待周围的事物和人,所以日子过得很不舒坦。我们说生活就像一面镜子,你笑它也笑,你哭它也哭。因此,潜水员要以积极的心态去面对既艰苦又大有作为的潜水职业,通过加强自身修养,提高认知能力,去适应潜水职业环境。假如一个人经常从光明的一面去观察事物,就会使自己的心态变得比较平和。

(3)运用注意力转移法控制情绪。这是一种积极的调节方法,当潜水员遇到较大困惑和困难时,可以通过转移注意力的方法减少自己的精神负担,如看电影、下棋、打球、散步等活动,从而使自己的情绪放松下来。

第五章

潜水员的意志品质

立志、工作、成功是人类活动的三大要素。立志是事业的大门，工作是登堂入室的旅程。这旅程的劲头就有个成功在等待着。

——巴斯德

从某种意义上说，意志力通常是指我们全部的精神生活，而正是这种精神生活在引导着我们行为的方方面面。

——罗伊斯

第一节 意志的概述

意志力是人格中的重要组成因素，对人的一生有着重大影响。人们要获得成功必须要有意志力作保证。早在 2400 多年前的孟子就说过："天将降大任于斯人也，必先苦其心志，劳其筋骨，饿其体肤，空乏其身，行拂乱其所为，所以动心忍性，曾益其所不能。"这段话，生动地说明了意志力的重要性。要想实现自己的理想，达到自己的目的，需要具有火热的感情、坚强的意志、勇敢顽强的精神，克服前进道路上的一切困难。

事实上，意志是指一个人自觉确定目的，并根据目的调节支配自身的行动，克服困难，实现预定目标的心理过程。意志总是在人的自觉的、有目的的行动中表现出来。但是，也并不是人的所有自觉行动都会体现出内心的意志努力。例如，小学生平时到学校去上学，这种行动是有意识、有目的的，但这种行动可能不需要有内心的意志努力,因为学生们高高兴兴地去,无忧无虑,不需要克服某些困难。但是,如果儿童脚上长了疮,走起路来十分疼痛,或是风雨交加、泥泞满地,他们克服这些困难,仍然坚持到学校上课,这种行动便是意志行动。

潜水员水下工作的可靠性除了受其态度、个性及专业技术等主客观因素影响外,关键在于潜水员有无自觉坚强的意志。如在水下作业时常会遇到各种复杂的情况,当为了达到安全目的时,就需要拟定达到目的的一系列措施。例如,遇到难以克服的问题时,是消极回避还是积极面对,在这种情况下,为达到安全的目的,充分发挥自己的体力和智商,克服重重困难,正确处理问题,冷静处理复杂的水下矛盾冲突,这些都是意志的表现。

此外,心理学家通常认为,意志力既有静态的方面,又有动态的方面。具体表现为,它既是引导人类行动的力量,又是人们在这些行动中的一种行为。因此,当一个人能够在某一事件或一连串事件中表现出极大的决心与力量时,就会被认为拥有很强的意志力(静态的);而他的意志力的特性,需要通过他的决心或行动的力度和持久性来体现。这样,在这一过程中所展现出来的意志力就变为了动态的意志力。俗话说:“意志创造人”。大脑是你在这一世界上取得成功的唯一源泉。在你的大脑中,储藏着取之不尽的财富。通过提高意志力,你可以获得人生的富贵,拥有生活中的各种成就。这种意志力,默默地潜藏在我们每个人身体之内。在这个世界上,真正创造人生奇迹者是人的意志之力。意志是人的活动成败的关键,意志的指导作用对每个人的价值是无法估量的。

一、潜水员意志活动的特征

(一)意志行动的目的性

人的意志由于具有明确的目的性,它才能既发动符合于目的的某些行动,又能制止不符合目的的某些行动。潜水员意志行动效应的大小,是以其目的水平的高低和社会价值为转移的。目的越高尚、越远大、越有社会价值,意志表现水平就越高。

如潜水员在实际工作过程中,遇到一些突发事件,潜水员的目的是既要保证自己的生命安全,又要安全地完成水下作业任务,在这种高水平的目的驱使下,潜水员就需要更大的意志做出努力,才能克服各种困难,实现这个目标。

(二)意志行动是与克服困难相联系的

潜水员意志行动的过程实际上也是克服困难的过程。一般来说,潜水过程中的困难包括外部困难和内部困难两种。外部困难就是客观上存在的,如水下低温、急流、能见度低、障碍物较多等,导致潜水员难以正常地进行水下作业;内部环境则是指潜水员自身存在的一些难以解决的问题,如缺乏自信、情绪低落、个性懦弱等。

因此,可以根据潜水员遇到的困难的性质和克服困难的难易来衡量该潜水员的意志坚强与否以及坚强程度如何。

(三)意志行动以随意动作为基础

一般认为,人的行动是由动作组成的,动作有不随意动作和随意动作两种。不随意动作是无预定目的的动作,随意动作则是指有预定目的、受意识指引的动作。

潜水员有了随意动作,就可以根据目的组织、支配和调节一系列的动作,实现预定的目的。随意动作是意志行动的必要组成部分,是意志行动的基础。

二、潜水员意志活动的过程

在潜水员意志活动发生、发展和完成的过程中,一共经历两个阶段,一是采取决定阶段,二是执行决定阶段。采取决定阶段是意志行动的开始阶段,它决定意志行动的方向,规定未来意志行动的轨道,是意志行动的动因;执行决定阶段是意志行动的完成阶段，在这个阶段里，人的主观目的转化为客观结果，观念的东西转化为实际行动，实现对客观世界的改造，因此它是人的内心世界的期望和计划付诸实施的阶段。

（一）采取决定阶段

决定的采取有的时候并不是一蹴而就的，它是一个过程，这一过程体现了人的意志力。比如潜水员在潜水过程中面临着不止一个目的，是必须完成水下作业、还是保证自己的生命安全等，这就需要潜水员进行选择。为了做出最后的决定，潜水员必须根据每个目的的意义和价值，考虑其必要性，并根据主观和客观的条件，考虑其实现的可能性。潜水员在实际潜水过程中，有时目的本身在客观上并不存在矛盾，但是不可能在同一时刻实现，这必须由潜水员主观进行比较，权衡其轻重缓急，做出先后或主次的安排。克服这些困难的过程，都是潜水员面临复杂情境时做出抉择的过程，都要求潜水员做出意志努力。

（二）执行决定阶段

执行决定即克服困难，是坚定地把计划付诸实施的过程。对潜水员来说，执行决定常需要更大的意志努力。这是由于：

（1）执行决定的行动要求巨大的智力和体力紧张，潜水员要忍受由行动和行动环境带来的种种不愉快的体验。比如，长时间的潜水，潜水员要忍受身体和精神上的疲劳。

（2）潜水员的安全潜水行为，要求其努力克服个性上原有的消极品质，如懒惰、保守和不良习惯等。

（3）执行决定过程中，有时会出现与既定目标不相符的动机，这时就需要潜水员做出意志努力来使自己的行为符合既定目标。

（4）在行动过程中，有时会出现意料之外的新情况和新问题，而潜水员可能又缺乏处理这些问题的手段和经验，这时也要其做出意志努力。

(5)在潜水员的行为目的没有完成之前,还可能产生新的动机、目的和手段,这些都会在心理上与既定目标产生冲突,从而干扰行动的进程。

三、影响潜水员意志行为的因素

(一)情绪对潜水员意志的影响

情绪既可以成为潜水员意志活动的动力,也可以成为意志活动的阻力。当某种情绪对人的活动起推动和支持作用时,这种情绪就会成为意志活动的动力。比如,潜水员对潜水事业的热爱和奉献激励着他们不畏困难,认真负责地对待自己的本职工作,不辞辛苦地奉献在岗位的第一线。例如,对所要达到的目标抱着默然的态度、畏难情绪、不切实际的骄傲情绪以及高度的焦虑情绪等,都会妨碍意志行动的实行,动摇以致削弱人的意志。消极的情绪对意志行动的干扰作用,取决于一个人的意志力水平:意志坚强的人可以克服这些消极情绪的干扰,而意志薄弱的人则可能被这些消极的情绪所困扰,从而使行动半途而废。

此外,意志也可以控制情绪,使情绪服从于理智行为。在日常生活中对于不利于工作、不利于学习的消极情绪,意志坚强的人能够用意志力加以控制,使自己的行动服从于理智的要求。例如,意志坚强的潜水员能够控制失败时候的痛苦与愤怒,能够控制成功时候的喜悦与狂热。

(二)认知对潜水员意志的影响

人的任何目的,都是建立在认知活动的基础上的,人的目的的选择以及用什么方式来达到目的也是由认知活动决定的。因此,人在确定目的、选择方法和步骤时,要分析主观条件,回顾过去的经验,设想将来的结果,拟订方案,编制计划,对一切进行反复衡量和斟酌,这些都必须通过人的认知活动进行。可见,意志是离不开人的认识过程的。

另外,意志对认知过程也有很大的影响。人在各种认知活动中,总会遇到各种困难。要克服困难,就需要意志做出努力。比如,组织潜水员进行为期一周的理论学习,在此过程中,都需要意志的努力。

(三)个性对潜水员意志的影响

潜水员个人的理想、信念和价值观以及兴趣爱好等个性倾向性制约着潜水员的意志表现。为单位和国家的利益而努力工作的价值观,能够使人抵制物质利益的诱惑,克服艰难险阻而无所畏惧,个人主义的价值观,会使人患得患失,在工作中稍遇困难就会灰心丧气。另外,如果潜水员对自己的事业产生浓厚的兴趣和爱好,就会集中精力,千方百计地克服前进道路上的困难和阻碍,达到预定的目的。相反,如果不爱好自己的事业,就不乐意去做,就会成为负担,遇到挫折便会动摇退缩,使活动半途而废。但如果一个潜水员意志坚强,即使对某项活动没有兴趣,也会以坚强的毅力去克服各种困难,完成任务,同时在克服困难、完成任务的过程中,兴趣和爱好也会逐渐培养起来。由此可见,意志与个性的关系是十分密切的。

四、意志对潜水员行动的调节作用

意志的调节作用包括发动与预定目的相符的行动以及抑制与预定目的矛盾的愿望和行动两方面。意志对行动的调节作用保证了人的行为目的的方向性,调节的最终结果表现为预定目的的实现。

人的行动主要是有意识、有目的的行动。在从事各种实践活动时,通常总是根据对客观规律的认识,先在头脑里确定行动的目的,然后根据目的选择方法,组织行动,施加影响于客观现实,最后达到目的。例如潜水员在潜水过程中,可以根据自己的行为目的,有意识地克服潜水过程中所遇到的困难,并有计划地调节和完成预定的目标计划。另外，意志不仅调节潜水员的外部行为，还调节潜水员的心理状态，意志坚强的潜水员在长时间的潜水过程中能表现出较好的心理状态，这有助于其顺利完成预定的目标计划。

第二节　潜水员的意志行动与控制

一、潜水员的意志行动

潜水员意志行动的表现是多种多样的。有时表现为积极的行动，如克服某种困难，坚持认真锻炼身体，学好理论知识；有时也表现为行动的保持，如不管水下环境有多恶劣，低温、高压等，潜水员仍能坚守岗位，坚持完成自己的作业任务；有时表现为行动的意志或拒绝，如遇到一些很有吸引力的干扰因素时，潜水员仍能抵制诱惑，坚持自己。所有这些都属于意志行动。在意志行动时，内心所表现出来的心理过程，就叫意志。因此，意志或意志力，必然是与克服某种困难相联系的。

意志所要克服的困难，既有外部的，也有内部的。例如，潜水员水下作业时遇到的客观环境问题，包括水下激流、低温、高压等，这些困难来自于外部，潜水员的意志力是在克服这些困难时表现出来的。有些困难来自思想内部，例如有的潜水员会有职业的动摇性，职业思想不稳定，他会考虑当前职业的种种利弊，从而进行激烈的思想斗争，这属于内部的困难，意志也表现在克服这一类的困难上。

俗话说："有志者，事竟成"。意志，对于一个人所从事的工作或事业的成败具有极为重要的意义。任何复杂的工作或伟大的事业，总是具有一定的困难。一个人能否胜利完成自己所从事的工作或事业，除了能力的大小以外，意志就是另一个很重要的因素。马克思总结了科学发展史上的大量事实,得出一个结论:“在科学上没有平坦的大道,只有不畏劳苦沿着陡峭山路攀登的人,才有希望达到光辉的顶点”。大量事实说明,科学研究,生产劳动,艺术创作,革命斗争,都需要有坚强的意志才能成功。相反,一个意志薄弱的人,遇到困难就畏缩不前,以及半途而废、放弃远大奋斗目标的人,是不可能取得任何重大成就的。

二、潜水员的意志控制

意志控制是指个人能左右事情的进展和结果,使之与期望的目的相一致的过程。潜水员的意志控制作用主要表现在两个方面,一是外向的,按照潜水员的期望和目的改变环境,包括自然环境和社会环境。二是按照其期望和目的改变和塑造自身的素质,包括生理素质和心理素质。例如,潜水员通过自己的努力,采取积极有效的方法,将居住舱的环境改善,使自己住的更舒适。或者,潜水员通过坚持科学的锻炼方法,增强身体的素质,通过积极的人际交往改善自己的心理素质。

意志对环境的控制和对自身的控制是密切相关的。在具体的活动中,意志对潜水员行动的控制是通过激励和克制两种方法来实现的。为达到预定的目的所采取的行动越有力,就越能克制与预定目标相矛盾的行动;反之,越能克制与预定目标相矛盾的行动,为达到预定目标而采取的行动就越有力。正是通过这种激励和克制的作用,意志实现了人对自身、对环境的控制作用。

意志控制,就是要消除在实现目的过程中的内部障碍和外部障碍。内部障碍是指与实现目标相冲突的内心干扰,如对实现目的缺乏信心、决心,或疲劳、分心等。外部障碍是指外界的干扰,如资金不足、材料缺乏、工具落后、天气恶劣、水下环境复杂等,或来自他人的阻挠、讥讽和打击等精神压力。只有克服了这些障碍,意志的控制作用才能贯彻到底,达到预订的目的。

自然环境、社会环境以及生活中的各个事件都有可能成为威胁性的因素，使我们失去对事件的控制能力。例如，潜水员在水下作业时遇到信号中断，阻止了与水面上的联系，或者在水下遇到激流，无法正常作业等情况。不同状况下失控的时间有长有短，并且失控时，不同的潜水员的反应也是各不相同的。

第三节　潜水员的意志品质与培养

一、潜水员的意志品质

这里所说的"品质"，跟我们平时所说的"道德品质"和"产品的品质"不同。意志品质，简而言之就是意志的体现或意志表现。潜水员是一个特殊的群体，意志表现在潜水活动中是一种较常见的心理现象。潜水员要想较好地完成水下作业任务，除掌握过硬的潜水技术外，还应具备以下良好的意志品质。

（一）独立性

独立性是指个体情绪倾向与独立自主地做出决定和采取行动，既不易受外界环境的影响，也不拒绝一切有益的意见和建议，在思想和行动上表现出既有原则性又有灵活性。

独立性强的潜水员通常具有明确的行动目的，有坚定的立场和信仰，并以此来统率自己的言行，且具有行动服从社会需要的意志品质。这种品质反映着潜水员坚定的立场和信仰，它贯穿于意志行动的始终，是产生坚强意志的源泉。

作为潜水员，则表现在潜水活动中能够严格要求自己，遵守一切工作程序，保证生命财产安全，顺利完成任务。与自觉性品质相反的是受暗示性和独断性。

（二）果断性

果断性是指一个人善于明辨是非，当机立断做出决定，并坚决执行。具有果断性品质的人,能够全面地、敏捷地思考行动的动机、目的、方法和步骤,清楚地预估可能出现的行动后果。而机智果断对于潜水员尤为重要。

潜水作业过程中,由于水下环境复杂,作业任务难度不一,有时还会遇到各种突发情况,往往需要潜水员能够迅速且合理地对面临情况进行分析判断,并果断作出行动决策。

果断性是以深思熟虑、合理判断为前提的,它反映了一个人作出行动决策的能力,也反映了意志的行为价值的效能性,但是并不是意志的效能性越高越好。如果效能性过高,就会出现武断草率从事;如果效能性过低,就会出现办事优柔寡断,不符合潜水员应具备果断性品质的要求,也不利于潜水员水下安全作业。

(三)自制性

自制性是指在意志行动中能够自觉、灵活地控制自己的情绪,约束自己的动作和言语方面的品质。

对于潜水员来说,自制性包括两个方面:

(1)善于使自己去执行已经做出的决定,并能勇于克服妨碍执行决定的一切不利因素。

(2)善于在实际行动中抑制消极情绪或冲动行为。如遇到紧急情况时,虽很快出现暂时的激情冲动,但由于有自我控制能力,情绪很快就稳定下来,并沉着地加以处理。与自制力品质相反的是冲动性。

(四)坚韧性

坚韧性是指对行动目的的坚持性,在行动中保持充沛的精力和毅力的意志品质。毅力顽强是潜水员在进行潜水任务时,能长时间保持精力充沛,勇往直前,顽强地克服工作中遇到的各种困难,具有坚持到底的精神。

有顽强毅力的人,一方面表现在善于抵抗不健康诱惑的干扰,另一方面为达到目的又能坚持到底,锲而不舍,有始有终。在潜水条件艰苦、安全受到严重威胁时,潜水员的顽强毅力就显得更为重要。与坚韧性品质相反的是动摇性和执拗性(软弱性)。

二、如何培养潜水员的意志品质

水下高压工作实践证明,潜水员工作的可靠性除了受潜水技术水平、潜水情绪情感等一般的主客观因素影响外,关键在于潜水员有无自觉的、坚强的意志。人的意志力是一个人心理活动的性格特征之一,较多地受后天环境的影响。意志力并非生来就有或不可改变,它是一种能够培养和发展的技能。因而,培养和锻炼潜水员具有较好的意志品质,使他们形成自觉坚定的意志行动,克服困难,这样既保证了水下作业的完成,也体现了良好的职业道德。具体方法如下。

(一)积极主动

不要把意志力与自我否定相混淆,当它应用于积极向上的目标时,将会变成一种巨大的力量。美国东海岸的一位商人知道自己喝酒太多,然而他从事的是一种很烦人的工作,而在进餐前喝几杯葡萄酒似乎能让紧张的心情得到放松。可酒和累人的活又使得他昏昏欲睡,因此常常一喝完酒便呼呼大睡。有一天,这位经理意识到自己是在借酒消愁,浪费时光,于是他决定不再贪杯,而是把更多的时间用于儿女身上。刚开始时很不容易,常常想起那香气四溢的葡萄酒,但他告诫自己所做的事将有所得而不是有所失。后来的事实证明,他越是关心家庭和子女,工作起来的干劲也就越大。

主动的意志力能让你克服惰性,把注意力集中于未来。在遇到阻力时,想象自己在克服它之后的快乐;积极投身于实现自己目标的具体实践中,你就能坚持到底。

(二)下定决心

美国罗得艾兰大学心理学教授詹姆斯·普罗斯把实现某种转变分为四步:抵制——不愿意转变;考虑——权衡转变的得失;行动——培养意志力来实现转变;坚持——用意志力来保持转变。

有的人属于“慢性决策者”,他们知道自己应该减少喝酒量,但决策时却优柔寡断,结果无法付诸行动。为了下定决心,可以为自己的目标规定期限。玛吉·柯林斯是加州的一位教师,对如何使自己臃肿的身材瘦下来十分关心。后来她被选为一个市民组织的主席,便决定减肥 6kg。为此她购买了比自己的身材小两号的服装,要在 3 个月之后的年会上穿起来。由于坚持不懈,柯林斯终于如愿以偿。

(三)目标明确

普罗斯教授曾经研究过一组打算从元旦起改变自己行为的实验对象,结果发现最成功的是那些目标最具体、明确的人。其中一名男子决心每天做到对妻子和颜悦色、平等相待。后来,他果真办到了。而另一个人只是笼统地表示要对家里的人更好一些,结果没几天又是老样子,照样吵架。不要说诸如此类空空洞洞的话:“我打算多进行一些体育锻炼”,或“我计划多读一点书”。而应该具体、明确地表示“我打算每天早晨步行 45min”,或“我计划一周中一、三、五的晚上读 1h 书”。

(四)权衡利弊

如果你因为看不到实际好处而对体育锻炼三心二意的话,光有愿望是无法使你心甘情愿地穿上跑鞋的。

普罗斯教授对前往他那儿咨询的人劝告说,可以在一张纸上画好 4 个格子,以便填写短期和长期的损失和收获。假如你打算戒烟,可以在顶上两格上填上短期损失“我一开始感到很难过”和短期收获“我可以省下一笔钱”；底下两格填上长期收获“我的身体将变得更健康”和长期损失“我将失去一种排忧解闷的方法”。通过这样的仔细比较，聚集起戒烟的意志力就更容易了。

（五）改变自我

然而只知道收获是不够的，最根本的动力产生于改变自己形象和把握自己生活的愿望。道理有时可以使人信服，但只有在感情因素被激发起来时，自己才能真正加以响应。

比如，汤姆每天要抽3盒烟，尽管咳嗽不止，但依然听不进医生的劝告，而是我行我素，照抽不误。“有一天，我突然意识到自己真是太笨了。”他回忆说，“这不是在‘自杀’吗？为了活命，得把烟戒掉。”由于戒烟能使自己感觉更好，汤姆产生了改掉不良习惯的意志力。

（六）注重精神

法国17世纪的著名将领图朗瓦以身先士卒闻名，每次打仗都站在队伍的最前面。在别人问及此事时，他直言不讳道：“我的行动看上去像一个勇敢的人，然而自始至终却害怕极了。我没有向胆怯屈服，而是对身体说‘老伙计，你虽然在颤抖，可得往前走啊！’”结果毅然地冲锋在前。

大量的事实证明，好像自己有顽强意志一样地去行动，有助于使自己成为一个具有顽强意志力的人。

（七）磨炼意志

早在1915年，心理学家博伊德·巴雷特曾经提出一套锻炼意志的方法。其中包括从椅子上起身和坐下30次，把一盒火柴全部倒掉，然后一根一根地装回盒子里。他认为，这些练习可以增强意志力，以便日后去面对更严重、更困难的挑战。巴雷特的具体建议似乎有些过时，但他的思路却给人以启发。例如，你可以事先安排星期天上午要干的事情，并下决心不办好就不吃午饭。

来自新泽西州的比尔·布拉德利是纽约职业篮球队的明星，除了参加正常的训练之外，他每天一大早就来到球场，独自一个人练习罚犯规球的投篮瞄准。“功夫不负有心人”，他终于成为球队里投篮得分最多的人。

（八）坚持到底

俗话说“有志者事竟成”，其中含有与困难作斗争并且将其克服的意思。普罗斯在对戒烟后又重新吸烟的人进行研究后发现，许多人原先并没有认真考虑如何去对付香烟的诱惑。所以尽管鼓起力量去戒烟，但是不能坚持到底。当别人递上一支烟时，便又接过去吸了起来。

如果你决心戒酒，那么不论在任何场合都不要去碰酒杯。倘若你要坚持慢跑，即使早晨醒来时天下着暴雨，也要在室内照常锻炼。

（九）实事求是

如果规定自己在 3 个月内减肥 25kg，或者一天必须从事 3h 的体育锻炼，那么对这样一类无法实现的目标，最坚强的意志也无济于事。而且，失败的后果最终将会使自己再试一次的愿望化为乌有。

在许多情况下，将单一的大目标分解成许多小目标不失为一种好办法。打算戒酒的鲍勃在自己的房间里贴了一条标语——“每天不喝酒”。由于把戒酒的总目标分解成了一天天具体的行动，因此第二天又可以再次明确自己的决心。到了一周末，鲍勃回顾自己 7 天来的一系列“胜利”时信心百倍，最终与酒“拜拜”了。

（十）逐步培养

坚强的意志不是一夜间突然产生的，它是在逐渐积累的过程中一步步地形成。中间还会不可避免地遇到挫折和失败，必须找出使自己斗志涣散的原因，才能有针对性地解决。

玛丽第一次戒烟时，下了很大的决心，但以失败告终。在分析原因时，意识到需要用做点什么事来代替拿烟。后来她买来了针和毛线，想吸烟时便编织毛衣。几个月之后，玛丽彻底戒了烟，并且还给丈夫编织了一件毛背心，真可谓“一举两得”。

自我心理调整的具体方法有以下几种。

1. 自我鼓励法

自我鼓励，即自我表扬，自己为自己“加油”“打气”，勉励自己。例如在平时工作或劳动中虽已感到疲劳，但为了锻炼自己的意志，就自己勉励自己：“坚持就是胜利！”直到把事情做完。当然，这是在避免潜水疲劳的前提下所做的坚持，因为疲劳潜水会严重影响生命安全。

2. 自我说服法

自我说服即自己说服教育自己。例如刚完成水下作业任务，回到居住舱内，由于疲劳而不再想进行舱内一些必要的检查维护时，就需要自我说服教育，想到“现在的检查维护是为了保障自身和同伴下一阶段作业顺利和安全。因此，再累也要做完，这样才能安心休息”。自我说服法可以帮助潜水员克服疲劳状态下的惰性和抑制性，并且达到心理平衡。长此下去，就可提高意志力。

3. 自我命令法

自我命令就是自己强制规定自己应该怎么做或做什么事情。自我命令，就会振作精神，很快地进行心理调适，从而增强自己的意志。

测测你的意志力

本测试共10题，每题有五个选项：A 完全符合；B 比较符合；C 无法确定；D 不太符合；E 很不符合。请选择适合你的一项。

1. 我很喜爱长跑、爬山等体育运动，但并不是因为我的天生条件适合这些项目,而是因为这些运动能够增强我的体质和毅力。

2.我给自己订的计划,常常因为我自己的原因不能如期完成。

3.我信奉“凡事不干则已,干就要干好”的格言,并尽量照做。

4.我认为凡事不必太认真,做得成就做,做不成就算了。

5.在工作和娱乐发生冲突的时候,即使这种娱乐很有吸引力,我也会马上决定去工作。

6.我常因读一本妙趣横生的小说或看一个精彩的电视节目而忘记时间。

7.我只要决定做一件事,一定是说干就干,绝不拖延到第二天或以后。

8.我办事喜欢拣容易的先做,困难的能拖就拖,实在不能拖时,就三下五除二干完拉倒,所以别人不太放心让我干难度大的事。

9.遇事我喜欢自己拿主意,当然也可以听一听别人的建议作为参考。

10.生活中遇到复杂的情况时,我常常举棋不定,拿不定主意。

计分标准:

凡题号为单数的试题(1,3,5,7,9),选择A、B、C、D、E分别得5、4、3、2、1分;凡题号为双数的试题(2,4,6,8,10),选择A、B、C、D、E分别得1、2、3、4、5分,把各题得分相加。

测试结果:

45分以上,意味着你意志力十分坚强;41~45分,意味着你意志力较坚强;31~40分,意味着你意志力一般;26~30分,意味着你意志力比较薄弱;26分以下,意味着你意志力十分薄弱。

第六章

潜水员的角色意识与个性养成

第一节 破解性格密码

一、个性的概念

法国作家让·吉罗杜说过:“从我们的幼年开始,每个人身上就编织了一件无形的外衣,它渗透于我们吃饭、走路以及待人接物的方式之中,这件外衣就是我们的性格。”当我们阅读《三国演义》《红楼梦》《水浒传》和《西游记》四大古典名著时,会被小说中各具风采的人物形象所吸引。曹操的雄心与奸诈,关公的勇猛与忠诚,宝玉的多情与反叛,黛玉的抑郁与聪慧……一个个栩栩如生的人物流传数百年。现实生活中,每个人也都有自己独特的人格特征,有的人开朗活泼,有的人腼腆拘谨;有的人思维灵活,有的人固执呆板,这就是人格差异的表现。

个性一词的原意是指希腊人在演戏时戴上的面具,后指演员在戏中扮演的角色,有时也指具有该角色特征的人。我国民族文化瑰宝京剧艺术中也用脸谱来表现个性不同的人物:黑脸表现严肃、威武、豪爽,代表人物如包拯、张飞、李逵等;白脸表现奸诈多疑,如曹操;蓝脸表现性格刚直,桀骜不驯,如窦尔墩。

那么,个性是什么呢?个性心理学家认为:个性是人对现实的态度和在相应的行为方式中所表现出的比较稳定、具有核心意义的心理特征,主要包括与生俱来的气质和后天环境中形成的性格两部分。现实生活中,人们经常把二者弄混淆,把气质特征说成性格,或将性格特征说成气质。例如,说某人的性格活泼好动,某人的性子太急或太慢,这其实是讲的气质特点。那么,什么是气质,什么又是性格呢?

气质是表现在心理活动的强度、速度、灵活性与指向性等方面的一种稳定的心理特征。人的气质差异是先天形成的,受神经系统活动过程的特性所制约。孩子刚一落生时,最先表现出来的差异就是气质差异,有的孩子爱哭好动,有的孩子平稳安静。气质是一个很古老的概念。早在公元前5世纪,古希腊医生希波克拉底根据人体内四种体液(血液、黏液、黄胆汁和黑胆汁的多少),把人的气质分为动作迅猛的胆汁质;性情活跃,动作灵敏的多血质;性情沉稳、动作迟缓的黏液质;性情脆弱、动作迟缓的抑郁质。

那么这四种类型气质的人在现实中的行为表现有什么不同呢? 苏联心理学家达威多娃做了一项很有趣味的研究:四个不同气质类型的人去看戏,由于某种原因,他们都迟到了,被谢绝入场,但是他们的反应很不相同。甲与检票员争执起来,企图进入剧场到自己的座位上去,他分辩说:剧院的钟快了,还说他不会影响别人,等等,他打算推开检票员径直跑到自己的座位上去;乙对此心里明白,人家不会放他进剧院,但他却想办法溜了进去;丙看到检票员不让他进剧院,心想:"第一场大概不会太精彩,我还是先到小卖部转一转,等幕间休息时再进去吧";丁却说:"我老是不走运,偶尔来看一次戏就这样倒霉",接着他愤愤地回家去了。

这四个人对待同一件事物的态度和处理方式截然不同,我们很容易判断出来:甲是"热情而急躁"的胆汁质气质;乙属于"灵活而好动"的多血质气质;丙是"沉着而稳定"的黏液质气质;丁则是"情感深厚而沉默的人",属于抑郁质气质。虽然以上四种气质类型各有特点,但现实中你可能发现自己很难简单地归于哪一类。比如,你可能热情直率,同时自制力也很强,或者安静稳定而又富有灵活性。这是很正常的。上面我们说的只是四种典型的气质类型及其特点,大多数人可能具有这种或那种类型的特征,或者偏向于某一种类型,或者是具有几种气质特点的混合型气质。所以,不能勉强地把一个人归入某一种气质类型。在现实生活中,以某一种气质类型为主的混合型气质类型的人居多。

性格是一种与社会相关最密切的人格特征,在性格中包含许多社会道德含义。性格表现了人们对现实和周围世界的态度,表现了一个人的品德,受人的价值观、人生观和世界观的影响,如有的人大公无私,有的人自私自利,有的人当国家和集体财产受损失时,不惜献出自己的生命奋起保卫,有的人则退缩自保,有人甚至趁火打劫。气质无好坏之分,而性格则有好坏之分,直接反映出一个人的道德风貌。性格自测形容词见表6-1。

性格自测形容词　　表6-1

在符合你的形容词旁边做标记				
热情的	雄心勃勃的	坚定的	爱夸耀的	令人愉快的
任性的	苛刻的	支配性的	胆怯的	强劲的
慷慨的	紧张的	有耐心的	有见解的	温驯的
喜怒无常的	乐观的	固执己见的	坚持不懈的	拘谨的

二、个性的形成

个性形成的生物基础是遗传,遗传也是个性发展形成的生物学前提。心理学家对刚出生的婴儿进行观察,发现有的婴儿一出生就很安静、乖巧,而有的就比较淘气、爱哭。心理学家对他们进行研究,得出的结论是:这是由婴儿的先天气质决定的。行为遗传学家对双生子和收养子研究发现,儿童气质的差异受到遗传因素的影响,并发现儿童气质的个体差异44%是由遗传因素引起的,而且这种气质的可遗传性在35%~57%之间。

个性的形成中,家庭环境的影响尤其重要,特别是父母的态度和行为反应，会对孩子个性的形成产生深远的影响。比如父母的教育方式、父母的职业、家庭氛围等，无时无刻不影响着孩子性格的形成。

在学校教学中，教育内容和教育方式都会对学生的性格造成一定的影响。教师要让学生有目的、系统化地学习，还要不断地对学生的意志力进行培养和锻炼，比如在体育课上，老师不仅可以传授给学生体育技能方面的知识，而且还可以锻炼学生的毅力，培养勇敢的精神。学校的风气、班级的氛围都会影响学生的性格。学校中的少先队、共青团以及学校的各项规章与准则都会对学生起到一定的约束与规范作用。

文化社会因素对个性的形成也具有重要的作用。不同的文化背景下，由于生活风俗、习惯以及经济文化发展水平的不同，都会对一个人的成长产生影响。不同的社会制度也会影响一个人的行为目的。

三、个性的特点

如果要清楚地了解自己，与他人顺利沟通交流，就要对性格有正确而完整的认识，并且必须对性格的特性有所了解。心理学家分析得出结论，性格具有以下特征。

（一）稳定性

中国有句古话：江出易改、本性难移。我们也经常听到有人说："你这急脾气什么时候才能改？"人的脾气难改，实际上指的是人的气质不容易改变。性格的稳定性表现为一个人对周围的事物所特有的经常性的倾向。而那种偶然出现的一时性的表现，不能被认为是一个人的性格特征，它必须是对现实生活稳定的态度体系以及相伴而生的习惯的行为方式所构成的独特的个性面貌。如果说某个人性格倔强，某个人性格懦弱，不应该从某个人对一两件事的态度作出评价，而是要观察他对大多数事情所采取的态度。也就是说,人的某种行为方式并不是指他们对某件事的表现,而是针对他们所习惯采取的行为方式而言。

(二)独特性

树上没有两片完全相同的叶子,人的性格也不会完全相同,这也是性格最大的特点所在。人们只有相似的人生经历,却没有完全相同的性格与爱好。“性格”一词是由希腊语翻译而来,原指是“特定”“标志”“记号”或“特点”的意思。最早是被人们用来区别这个人与其他人不同的差异性。性格的最大特点就是它的独特性。“人心不同,各如其面。”芸芸众生中,每个人都是一个独特的个体,每个人的性格都有他的独特之处。古典名著《水浒》中的一百零八条好汉,性格各异,各有千秋;《红楼梦》里众多小姐、丫鬟,虽然都是娇弱女子,但是每个人都有自己的独特性格,人的性格正像指纹一样,只有相似,没有绝对相同。因此,性格成为把一个人和其他人区别开来的特征之一。

(三)复杂性

现实生活中,很难找到一个在性格的各方面都表现优秀的人,也很难找到性格的各方面都一无是处的人,也就是说,人没有十全十美的,人的性格也没有完美的;反之也如此。即使一个品学兼优的好学生,有时也有可能对别人产生嫉妒心;而一个罪犯,看到老年人遇到困难,也有可能去帮助他。这就涉及了人们性格的复杂性。人的性格之所以复杂,主要受人们生活环境的复杂性和矛盾性的影响。由于社会生活的复杂纷乱,人的思想、行为不可避免地要受到来自各方面的影响,因此,人的行为动机、欲望、需求是相当复杂的,甚至是互相矛盾的,人的性格也往往表现出这种矛盾性。一般来说,一个人很难简单地给自己的性格归类。

(四)社会性

人们出生之时只是一个生物学意义上的个体,与其他动物并无本质区别。这时人与人之间的差异性纯粹是生物学的或遗传学的。个性的社会性是指社会化把人这样的动物变成社会的成员。人的出生意味着从一个简单的生理环境进入了一个复杂的社会环境之中,要掌握所处社会的行为道德规范、价值观念、信念体系、社会风俗等,在已有的生理基础上赋予了人格更充分的内涵。个性是人在社会化的过程中形成的,同时具有适应社会的功能。

第二节 潜水员的角色意识与社会化

一、角色意识

(一)你"姓"什么

在日常生活中,你是否常常可以听到"像什么样子""成何体统"之类的话语?在大大小小、千千万万的问题面前,你是否都有一个"应该怎么样做""不应该怎么样做"的纠结?一个人的言行举止不能违背社会的要求,社会通过不同的角色实现其对每个社会成员所处的社会地位的规范要求。如在我们中国的家庭中,规定母慈儿孝,夫妇相敬。工作中,领导爱护下属,下属尊敬领导等等。角色,最早是指人在一定社会活动中所扮演的社会形象。角色这个词在艺术作品中运用较广泛,它指戏剧和电影艺术中演员所扮演的剧中人物。社会学将角色定义为个人在社会关系中处于特定的社会地位,并符合社会期待的一套行为模式。换句话说,角色是一定社会关系所决定的个体的特定地位、社会对个体的期待以及个体所扮演的行为模式的综合表现。例如,组织中的领导者和被领导者、企业中的经营者和生产者、学校里的教师和学生、部队里的干部和战士、家庭里的父亲和儿子等,人们所扮演的这些不同的角色,都表明了他们在不同社会关系中所处的社会地位,反映了社会、组织或群体、他人对个体的期待和要求,而这些个体又都采取与他们特定社会位置相关联的、符合社会要求的行为模式。

角色有不同的来源，如先赋角色是指个体在遗传、血缘等先天的或生理的因素基础上而产生的角色。例如，一个人从一出生就被赋予种族、国家、家庭出身、性别等，这些都是先赋角色。这些是在任何社会都存在的，而且谁也改变不了。自致角色，亦称“自获角色”或“成就角色”。它是指个体通过自己的努力和活动而获得的角色。例如，科学家、教授、工程师、教师、医生、律师等，是个人在社会生活中以某种方式争取到的，如“顺溜”是自致角色的艺术典型。电视剧《我的兄弟叫顺溜》，从司令（张国强饰）的角度，讲述抗战过程中一个愣头愣脑的小兵（王宝强饰），凭借其过人的射击技术为部队赢得多次胜利，同时也在炮火的洗礼下成长的故事。自致角色体现了个体的自主选择性。在现代社会中，个体的自主选择性将会越来越大。一般说来，自致角色的范围和数量的增加，在一定程度上反映了社会的进步和发展。当然，个体的自主选择性也要受到一定社会规范的约束。潜水员也是一种自致角色，是个体通过选拔、培训、考核后才获得的角色。

（二）社会角色的失调

每个社会成员都在社会这个大环境中承担着诸多的角色，而不是孤立地存在。多种角色集中在一个人的身上，这就要求每个人在每个不同的情境下都能承担好自己的角色。如当一个人在工厂劳动时，他是生产者的角色；当他去商场购物时，他是消费者的角色；在家庭里，他可能既是家长，又是子女的角色。一个领导在下属面前是领导，在领导面前又成了下属，而当他参加学习时，他又成了学生。正因为每个人扮演着不同的角色，因此角色矛盾也是不可避免的。不同角色承担者之间的冲突，常常是由于角色利益上的对立、角色期望的差别以及人们没有按角色规范行事等原因引起的。像婆媳之间、夫妻之间、父母与子女之间、朋友之间、邻居之间、学生与老师之间、领导与群众之间等等，如果关系处理不当也容易发生角色间的矛盾，造成关系的处理障碍，甚至遭到失败。这就是角色的失调。常见的角色失调主要有以下几种情况。

1. 角色冲突

所谓角色冲突，是指在社会角色的扮演中，在角色之间或角色内部发生了矛盾、对立和抵触，妨碍了角色扮演的顺利进行。一种是角色间的冲突，即不同承担者之间的冲突，它常常是由于角色利益上的对立、角色期望的差别以及人们没有按角色规范行事等原因引起的。另一种是角色内的冲突，即由于多种社会地位和多种社会角色集于一人身上，而在他自身内部产生的冲突。角色冲突妨碍与破坏人们的正常生活秩序，因此，应尽力避免。

2. 角色不清

所谓角色不清是指社会大众或角色的扮演者对于某一角色的行为标准不清楚，不知道这一角色应该做什么、不应该做什么和怎样去做。社会的急剧变迁，常常是造成社会角色不清的最主要原因。当一种新角色初次来到社会上时，社会还没有来得及对它的权利、义务做出明确规定，角色承担者本人不清楚，其他人的看法也有分歧，角色不清便由此产生。只有通过长期互动，当社会为它规定了明确的规范后，这种角色不清才能消除。

3. 角色中断

所谓角色中断，指在一个人前后相继所承担的两种角色之间发生了矛盾的现象。人们在一生中随着年龄和多方面条件的变化，总会依次承担多种角色。在一般情况下，人们在承担一种角色时还要为承担后来的角色做某些物质上与精神上的准备，因而不会发生角色中断。角色中断的发生是由于人们在承担前一种角色时并没有为后一阶段所要承担的角色做好准备，或前一种角色所具有的一套行为规范与后来的新角色所要求的行为直接冲突。解决这一类因准备不足而产生的角色中断的办法是:从角色承担者个人来说,应该对自己的人生有所设计,应该了解人的一生中不可避免地要相继承担的那些角色的特点,为未来的角色做些准备工作。对于家长来说,应注意对子女的成长进行指导;对于社会来说,应加强对各种不同角色的培养、培训和咨询工作,对于那些因社会原因而造成的角色中断,应给予社会的帮助。

4. 角色失败

角色失败是角色扮演过程中发生的一种严重的失调现象。它是指由于多种原因使角色扮演者无法进行成功的表演,最后不得不半途终止表演,或者虽然还没有退出角色,但已经困难重重,每前进一步都将遇到更多的矛盾。虽然在社会角色的扮演中,角色失败的现象通常只是少数,但是角色失败给社会造成恶劣后果并使角色承担者受到重大打击,因此也应予以重视。角色失败通常是坏事,但是如果处理得当可以把它转变为好事。例如,一对夫妻感情已经破裂,如果人为地维持一种不和不散的局面,对双方都是痛苦的,这样就不如让双方都退出角色,让他们开始各自新的生活,这对双方都是一种解脱,不失为一件好事。

二、社会化

1920 年在印度的加尔各答附近的山洞中发现了两个女孩,据认为是出生之后就被狼养育的“狼孩”。她俩被辛格牧师送进了孤儿院,取名卡玛拉和阿玛拉。据推测,当时卡玛拉 8 岁左右,阿玛拉 2 ~4 岁。阿玛拉被照顾 1 年多之后就死去了,卡码拉活到 17 岁。她俩在被发现后的最初一段时间里,白天蹲在床上,吃东西不用手,舔着吃,且又喜欢吃腐臭肉和生肉。平时用四肢走路,怕光。夜间在室外到处走,并大声吼叫。这些都不是人的动作,而是和养育她们的狼的动作相同。诚然,卡玛拉受到孤儿院的教养,渐渐地恢复了人样。但是,用了 4 年时间才开始改变黑夜活动的习性,用7年时间才不食生肉。虽然进入第3年之后能用两条腿站立,但一旦需要时,仍然是4条“腿”比两条腿跑得快。6年后(14岁的时候)会用30个单词,7年后(15岁)会用45个单词,一般认为这是3岁半左右的水平。她同时也逐渐有了社会性,如与伙伴闹别扭时会流泪,受到安慰时就高兴。然而这种发育与通常的小孩相比,又是极其迟缓的。

除了“狼孩”,还有“豹孩”“熊孩”,他们都是在脱离人的环境中生长的,有的甚至于一生下来就被藏匿起来,等到他们被发现时,都说他们不像人,而像野生动物。像上述这样在与他人和社会隔绝的情况下长大的孩子是罕见的,但他们的经历从反面说明了我们每个人在早期与他人的接触中是怎样被“人性化”了,或者说是怎样被“社会化”了。

所谓社会化,就是个体与周围的人及社会环境密切地相互作用,接受社会影响,掌握社会事物与社会标准,形成为其社会环境所认可的社会行为模式,并逐步形成个体人格的过程。通过这个过程,个体得以参加社会生活,更好地适应社会,并使个体在社会中发挥积极的作用,使个体由自然人成长为社会人。当个体降临这个世界之时,还只是一个具有生物同性的自然人,只有当个体通过与周围人们的相互作用,在社会学习与社会实践中逐步获得了对于人类社会生活的适应性,形成了人类的心理结构和行为模式,并且获得了清晰的自我意识,使自己的行为具有明确的自我引导和自我控制,他(她)才成为具有社会性的真正意义上的人类个体。

社会化涉及社会与个体两个层面:从社会视角看,社会化是社会对个体进行教化的过程;从个体视角看,社会化是个体与其他社会成员互动,成为合格的社会成员的过程。社会教化指广义的教育,泛指影响人们知识、技能、身心健康、思想品德形成和发展的各种活动,也包括有目的、有计划、有组织地对个体施加影响的学校教育。个体内化指接受社会教化,把社会规范、价值观、行为方式转化为自身稳定的人格特质和行为反应的过程。

（一）社会化的内容

(1)学习和掌握基本生活技能和劳动技能。从在家庭教育中培养儿童的生活自理能力开始，继而依靠学校教育传授给个体基本的知识和技能。随着社会的发展，教育水平的提高，社会成员竞争已成为社会现代化的基础。因而，学习和掌握现代科技知识和现代生产技能是社会化的重要内容。

(2)选定具体生活目标。教导社会成员树立生活目标，确定人生理想。社会行为规范是社会对个人的一种外在要求，而价值观、理想、信仰等则是个体行为的内在定向。个体是有理想的，个人可以按照自己的内在需要，选择一种价值观念体系。生活目标是价值观的基本组成部分。社会通过多种途径指导其成员树立正确的生活目的和理想，以达到社会整合之目的。

(3)学习和遵从社会行为规范。社会规范是社会确立或认可的行为标准，是现代社会保持有序发展的重要手段之一。在现实社会中，它表现为各种形式，如法律规范、风俗习惯等，社会通过教育和舆论力量使其成员掌握并形成信念、习惯和传统，以约束个体行为，调节各种社会关系。

（二）社会化的主要影响因素

家庭是儿童最早接受社会化的地方，而父母就是社会化的最初媒介，是个体的第一任老师，他们的行为是孩子学习的榜样，他们教会了个体最初的生存机能和行为规范。对于一个人来讲，对客观现实的认识往往是从家庭的生活、家长的言行举止开始的。家庭的社会地位，家庭中的亲子关系，父母的教养态度及教养方式，家长的言传身教，对儿童的语言、情感、角色、经验、知识、技能与规范方面的习得均起潜移默化的作用。

在现代社会中，学校是家庭之外对儿童进行社会化的第一个机构,是将儿童从家庭引向社会的第一座桥梁。当儿童进入学龄期之后,学校的影响便取代家庭上升到首要地位,成为最重要的社会化因素。学校的重要性首先表现在它在较长的时间内对学生进行系统的教育,有计划、有组织、有目的地向学生(不仅仅是儿童)传授价值观念、社会规范、生活技能和科学知识,而这种长期的、系统的教育,对儿童的社会行为的模塑在现代社会中是无以替代的。其次,学校的重要性还在于它本身就是独特、完整的社会机构,它是社会的雏形。学校中的社会化强调遵守非个人的规范和权威,在家里儿童通常学会了服从父母,而且把父母看成是权威人物,但是在学校,儿童要学会服从"规范",而不仅仅是个人。面对抽象的学校,儿童们往往会肃然起敬,儿童们与老师的关系只是他们与这种非个人的组织关系中的一部分。儿童在这里进入"社会结构",扮演着学生、同学、朋友等社会角色,并在课堂里和其他公共场合进行着各种形式的社会互动。所有这些,都对学生了解社会,发展人格和自我,模塑合乎角色的社会行为起着重要的作用。

在群体对个体的影响中,同龄群体的影响最大。尤其是在青春期,同龄群体对个体社会化的影响甚至超过父母、教师的影响。同龄群体是由地位相近,年龄、兴趣、爱好、价值观和行为方式大体相同的人组成的一种非正式群体。同龄群体是年轻人的最重要的参照群体,青少年往往根据这个群体来识别或采纳某些标准。自童年期开始,随着年龄的增长,同龄群体的社会化影响也日益增加,这种影响在青少年时期达到顶点,并有可能超过父母和教师的影响。

第三节 潜水员良好个性的塑造

尽管构成个性的气质和性格具有很大的稳定性,但也不是不可改变的，只要有足够的恒心与信心，每个人都可培养自身良好的个性。如果说个性生存的理论让我们第一次这么清晰地认识了自己，深刻的领悟到：命运实际掌握在我们自己手中，那么同时，我们还必须找到培养我们卓越个性的最佳途径，这样我们所做的一切才不是纸上谈兵，而在现实生活中是切实可行的。

一、深入地了解自己

了解自己是改变自己的前提。这是一个古代笑话：一位解差押解和尚上府城，住店时和尚借机把他灌醉，又为他剃光头，然后逃走了。解差醒来后发现少了一人，大吃一惊，继而一摸光头转惊为喜："幸而和尚还在"，可随之又困惑不解："我在哪里呢？"一个正常的人不至于闹出这样的笑话，甚至大部分人都会觉得，自己是最了解自己的人。然后，要真正认识"自我"却不是一件容易的事情。那么如何认识自己呢？下面介绍几种方法。

(1)试着去描述你性格中的典型特征。你可以试着拿一张纸，尽可能多地写下关于你是什么样子的、你想成为什么样子的人，朋友或家人眼中的你自己是什么样子的，尽量用具体的词汇，不用好坏这样泛泛的词。这样你就详细地描述了你自己的人格特征，可以帮助你更清晰地认识你自己。

(2)我们不妨为自己做一次心理分析，这种自我心理分析的方法与专业心理分析师的思路是一致的。心理学认为我们除了自己能意识到的"自我"以外，还有一部分是不能意识到的"自我"，认识这部分"自我"就需要通过一些特殊的方式，房子意象技术就是一种比较好的认识这部分"自我"的一种方式。房子的象征意义就是说它是心房的象征，通过观察想象房子的特征可以深入地了解自我，具体操作如下。

找一个安静的环境，可以保持坐的姿势，如果有躺椅，半躺的姿势也可以。然后让自己彻底放松，之后想象你走出了你所在的房间，发现了一个以前没有发现的门，你打开这个门，发现外面是一条从来没有见过的道路。你沿着这条道路往前走，仔细观察，你看到的是什么样的路？路边有些什么？这一个步骤主要是为了使自己进一步进入状态。当你能清楚看到的情景和道路的样子之后，再继续沿着道路走，突然发现在前面路边有一座房子，仔细观察，那是什么样子的房子，然后在心里描述所见到的房子外观。然后，可以进入房子，观察房子的内部状态，观察完后，引导自己走出房间，回到来时的路上，再回到自己所在的房间，慢慢清醒后，睁开眼睛。

二、分析性格形成的原因

虽然说性格的成因是十分复杂的，但是从心理学的角度分析，形成性格的原因大体如下：在决定现在性格的因素中，童年的经历占有绝大部分。我们现在心理上表现出的种种倾向，其实是小时候埋下的种子，而现在只是延续和发展了小时候的心理倾向。因此要正确地分析自己的性格，就要审视一下自己童年的经历和成长环境，才会找到一个真实的答案。分析童年的经历和成长环境：分析家庭氛围，早期是否受到伤害，对自己影响最大的人，分析在家庭中的排行。

三、因人而异

个性塑造，并非是千篇一律地要将人们的种种个性都熔进一个模子里铸成一个模板，使人人都一模一样。相反，我们是要提出人们个性的基本点、共同点，在人们知道自身、了解自身个性之后，去完善与提升自己的个性。我们能做的仅仅是帮你奠定好个性的基石，帮你建构优良的个性架构，剩下的，靠你在生活与工作中自己去完善。

第七章

潜水员心理应激与干预

第一节 应激的概述

工作和生活中,人们会遇到各种各样的事件,产生不同的反应。这些反应有积极的,也有消极的,主要取决于两个条件:一是客观事件的性质、强度和刺激持续的时间;二是个体对客观事件刺激的反应,即个体的感受性和耐受力。我们把这种刺激与反应的过程称之为应激过程。应激过程始终与个体的发展过程相伴,是个体成长和发展的必要条件。潜水员是实施水下作业的特殊职业人群。水下作业环境不同于陆上,水的物理特征也不同于空气。水下作业时,潜水员要呼吸压缩气体;水中的高气压、浮力、阻力、静水压、寒冷、黑暗等因素会对潜水员的生理和心理功能产生不同程度的影响;再加上水下环境变化复杂,不确定因素多,随时可能发生意外事件。因此,潜水作业人员需要承受比陆上作业人员更大的压力。由此可见,潜水员不仅要有健康的体魄,还需要具备较强的心理适应能力。学习应激理论,有助于更好地认识心理社会因素对应激发生发展过程的作用规律,对个体以积极的态度应对和适应外环境,保持和稳定机体内稳态,维护身心健康具有重要的理论和实践意义。

一、应激的概念

应激一直是医学、生理学、心理学、社会学等学科研究的热点，从20世纪20年代至今，各个领域的学者相继分别从不同角度对应激的概念进行了研究探讨，经历了生理学应激学说、心理学应激学说和现代心理应激学说三个阶段。

（一）生理学应激学说

20世纪20年代美国生理学家坎农（Cannon）首先提出了内稳态和应激模型。他认为人体通过自我调节，使自己在不断变化的内、外环境中保持着动态平衡，这种平衡过程称为内稳态或自稳态。当个体遇到严重的内外环境干扰时，这种内稳态就会被打破，引发个体一系列生理机制变化，在行为上表现为战斗或逃避反应。坎农将这种遇到严重刺激时机体出现的整体生理反应，称之为应激。1936年，加拿大生理学家赛里（Salye）在大量的实验中观察到，不同性质的刺激可以引起机体产生一系列类似的、非特异性的生理变化，称之为"一般适应综合症"，并将应激定义为"机体对紧张刺激物的非特异性适应反应"。一般适应综合症包括三个阶段，即警戒期（动员阶段）、抵抗期（适应阶段）、衰竭期（衰退阶段）。坎农和赛力对医学、心理学的贡献是开创了对应激的研究，但是他们的应激理论过分强调了人体对紧张刺激的生理反应，忽视了心理和社会因素。

（二）心理学应激学说

随着对应激问题研究的深入，对应激概念的理解也在不断发展。20世纪60年代，以马森（Masan）和拉扎勒斯（Lazarus）为代表的心理学家提出了心理学应激学说，强调认知评价作为中介因素在心理应激中的重要性。实验证明，同样的应激刺激或事件作用于不同个体，因个体的认知、应对、个性、社会支持的不同，可以产生不同的生理、心理反应。因此，应激的心理学观点认为，个体在各种应激源的作用下，应激反应是否出现以及如何出现，决定于个体对事件的认知和应对方式等因素。根据上述观点，可以把应激解释为，当各种应激源作用于个体，使其生理或心理的内稳态受到干扰时，个体通过对应激源的认知评价，在多因素作用下出现的、努力维持内稳态稳定的动态过程。简要地说，应激是个体对各种刺激经过认知评价后产生的生理、心理和行为的反应过程。

从历史来看，应激概念的演变至少经历了以下三个阶段，每个阶段都从不同的角度，强调了应激概念的不同侧面，有一定的片面性。

(1)应激是引起机体刺激反应的刺激物，强调对各种刺激特点的研究。

(2)应激是机体对各种刺激的反应，强调机体在应激作用下的变化。

(3)应激是个体对刺激认知评价后的反应，强调个体对刺激的评价，以及应对方式、个性特征、社会支持等因素的作用。

(三)现代心理应激学说

随着社会进步和技术手段的改进，以弗克曼(Folkman)为代表的研究者们对以往应激学理论进行了不断的修正、补充和完善，逐步形成了现代心理应激理论。现代应激理论强调认知评价在应激作用过程中起的核心作用，将生活事件、认知评价、应对方式、社会支持、个性特征和心身状态等应激有关因素，分别从应激源、应激中介因素和应激反应三个方面进行认识(图 7-1)，并把应激中介因素按其在应激过程中的作用分为内部资源(认知、应对和个性)和外部资源(社会支持等)。

根据图 7-1，可以从以下 5 个方面对现代心理应激理论进行全面理解。

(1)应激是个体对应激源刺激的一种反应。

(2)应激的原因是生活事件(应激源)，应激的结果是适应和不适应的心身反应。

(3)应激是一个多因素的系统,各因素互相影响互为因果。

(4)应激是一个动态过程,在这个过程中,个体是主体,认知因素起关键作用。

(5)应激对个体的影响不仅取决于应激源的特性,也取决于个体抵御内外环境干扰的能力。

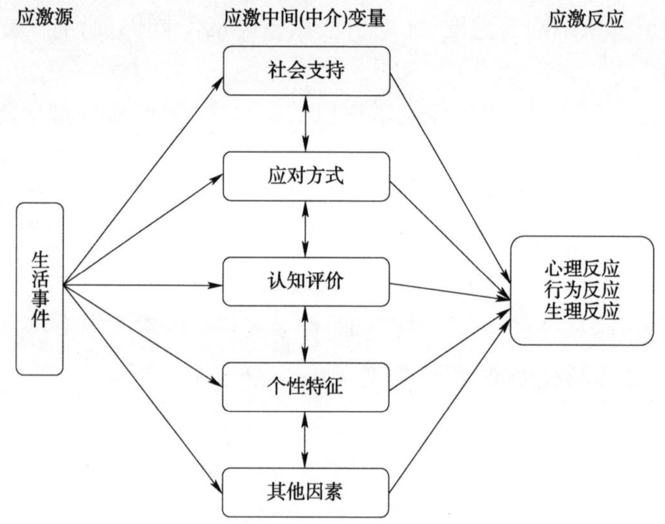

图 7-1　以认知评价为核心的心理应激作用过程

综上所述,可以将应激的概念定义为,在某种环境刺激下,个体通过对刺激物的认知评价,在诸因素相互作用下产生的生理、心理和行为的反应过程。

二、心理应激与健康

生活在现实社会环境中的人们,时刻受到各种因素的影响,所以应激是不可避免的。实际上应激与人的健康和发展有着十分密切的关系。应激与健康的关系,一方面具有双向性,即心理应激可以影响一个人的健康;相反,一个人的健康状况也会影响心理应激的强度和对应激的耐受力。另一方面又具有两重性,即心理应激对一个人的健康既有积极影响作用，又有消极影响作用；过强或者过弱的应激都会对人产生负面影响。

（一）心理应激对健康的积极影响

1.适度的应激是个体成长和发展的必要条件

每个人的成长发展离不开适度刺激的作用。研究与实践表明，个体早期适应的心理应激经历、挫折教育等都对今后更好地适应社会环境具有十分重要的实际意义。

2.适度的应激是维持人的正常功能活动的必要条件

人离不开刺激，适当的心理应激对一个人正常的生理、心理和社会功能是十分必要的。心理学的许多实验研究证明，当一个人被剥夺情感或者长期处于缺乏刺激的单调状态，会出现幻觉、错觉和智能下降。适度的紧张和压力有利于人的机体维持活力，发挥潜能，提高工作、学习效率。

（二）心理应激对健康的消极影响

适度的心理应激有利于人的健康，当心理应激超出人的适应能力时就会损害人的健康。

（1）严重的应激会造成个体过度的生理、心理反应，使机体内环境混乱和免疫功能下降，处于对疾病的易感状态。

（2）频繁、持续的应激会使机体适应性减弱，出现疲劳、失眠，导致机体功能受损，工作、学习效率下降，是事故和自杀的主要原因。

（3）可以加重原有躯体和精神疾患，或使之复发；是心身疾病的主要原因。

第二节 潜水员应激源

一、应激源的概念

应激源是指能够引起机体产生应激反应的各种刺激。在社会生活中人们始终经历着自身和周围环境的变化，这些变化都有可能成为应激源而引起应激。潜水员既与常人一样会遇到各种各样的生活事件（应激源），如工作压力、人际矛盾、婚姻恋爱、个人健康问题等等，还由于他的职业特性，会遇到潜水作业过程中的各种特殊的应激源，如水下环境、作业环境、任务难度和强度、工作危险性等。事实上，作为一个具有生物学和社会学特性的人，工作生活在自然和社会环境中，不可能回避各种应激源，但是应激源对个体的影响及产生的结局是不同的。其一方面是取决于应激源的种类，另一方面取决于个体的认知、个性、应对、经历及社会支持等多方面因素的作用。

二、应激源的分类

应激源的分类很多，有的根据应激源的来源分类，分为内部应激原和外部应激源；有的根据应激源的可控性分类，分为控制性应激源和不可控制性应激源；有的则按应激源的生物、心理、社会、文化属性来分类，分为生理性应激源、心理性应激源、社会性应激源和文化性应激源等等。潜水员是一个特殊职业人群，他们的工作条件和生活环境均有别于一般人群，存在许多特殊的应激源。为此，我们把这些应激源称之为职业性应激源。潜水职业性应激源可分为环境性应激源、作业性应激源、保障性应激源、社会生活性应激源四个方面。

（一）环境性应激源

这里主要是指潜水员水下作业环境。

（1）高气压，高分压氧，水下低温、能见度差以及水流、水底地形、水底环境变化频繁等诸多不利因素，影响其健康和操作效率，担心安全，引发意外事故。

（2）潜水员居住的加压舱狭小且封闭，活动范围小，与外界相对隔离，交流受限，生活单调乏味，空气质量差，担心生命保障系统发生故障。

(3)作业环境受到污染,担心影响健康。

(4)出海作业,经常受到暴雨、风浪、炎日、酷暑、颠簸等环境的影响,既有风险,又会带来烦恼。

(5)害怕得潜水病,影响健康,甚至危及生命。

(二)作业性应激源

(1)工作负荷大,下海作业时,既要集中注意力完成操作,又要警惕意外事故发生。

(2)作业遇到困难,完成不好。

(3)对作业项目的恐惧,如拆除爆炸物、打捞危险物品或尸体。

(4)单独作业。

(5)与同事配合不默契。

(6)担心事故发生时因远离水面和陆地得不到及时救援。

(7)对安全保障技术和设施缺乏信心。

(8)担心操作失误导致自身或同事安全受到威胁。

(9)经历同事在潜水时发生事故或意外,感到不安和恐惧。

(10)遇到紧急情况时,需要作出准确、及时的决策,并承担责任。

(三)保障性应激源

(1)工作负荷过大或过小。

(2)作业复杂、难度大、要求高。

(3)完成任务时限紧迫,时间长,节假日得不到休息,照顾不了家庭和子女。

(4)作业流动性大,需要不断适应新的环境。

(5)作业内容复杂多变难以适应,或作业单调、重复,使人厌倦。

(6)工作成绩得不到认可与尊重。

(7)发展机会少,个人抱负受挫折。

(8)决策参与程度低,工作缺乏自主性。

(9)感觉没出息,觉得现实与自己的想象差距太大。

(10)工作责任不清,存在角色模糊或角色冲突。

(11)缺乏人性化管理,得不到领导关心、支持和鼓励。

(12)缺少训练和指导,难以胜任高要求任务应有的技术和能力。

(13)人际关系不良,与上级、同事之间不协调或有误会,甚至有激化。

(14)劳动报酬较低,缺乏激励机制。

(四)社会生活性应激源

(1)工作点远离都市,社会活动受到限制。

(2)生活环境单调枯燥,缺少文化设施和文化活动。

(3)经常外出作业无法尽到自己对家庭的责任,担心子女的教育和成长。

(4)担心长期在外工作影响自己与家人(恋人)或子女的感情。

(5)亲人或恋人不支持自己的工作。

(6)作业场所远离家庭、社会,总有与外界隔离的孤独感觉。

(7)与同事同吃同住同工作,环境较小,缺少个人空间。

(8)同事中均为男性,性别比例失调。

第三节 应激反应的中介机制

现代心理应激理论对应激的理解是从应激源—应激中介—应激反应这三个方面来阐述的。应激源作用与个体产生应激反应不是简单的直接反应,而是要受到个体以认知评价为核心的,包括应对方式、个性特征和社会支持等因素的影响。这些因素在应激反应中被称之为中介因素，这些中介因素在应激反应过程中产生的作用方式和变化规律称之为中介机制，主要有认知评价、应对方式、社会支持和个性特征四个方面。

一、认知评价

认知评价是指个体对遇到的生活事件(应激源)的性质、程度和可能的危害情况作出评估。认知评价在生活事件影响到应激反应的过程中起重要的中介作用。对于同样的应激源，认知评价不同所引起的应激反应也截然不同。

认知评价在心理应激过程中起着核心作用。认知评价分为初级评价、次级评价和再评价。

(1)初级评价：当个体受到某一事件影响时，通过认知活动判断其对自己有无利害关系，如与己无关，就不要求作出反应；如果初级评价与己有关，则进入次级评价。

(2)次级评价：是在初级评价得出事件与己有利害关系结果的基础上，个体对事件是否可以改变，也即对个体的能力做出判断。根据次级评估的不同结果，个体会采取相应的活动。如果次级评价事件是可以改变的，往往采用的是问题关注应对的方式，就是通过调整思路和自身行为，以改善与事件的关系的努力；如果次级评价事件是不可改变的，则往往以情绪关注应对的方式，就是通过调节自身由于受事件伤害或威胁引起的不良情绪的努力。

认知评价既受到其他中介因素的影响，又影响其他因素。一个人的个性特征可以在一定程度上影响认知评价，如面对同样的事件，乐观的人往往比悲观的人作出更加积极的认知评价。社会支持也同样能在一定程度上对认知评价产生影响，如社会支持较多且利用度好的人比社会支持缺少且利用度差的人更容易作出积极的认知评价。另外，应激反应也可以影响认知评价，一个对考试产生紧张焦虑的人，也必然会对考试这一应激源的认知趋于消极。应对方式受认知评价的影响最为明显。个体对事件不同的认知评价,采用的应对方式也不同。

二、应对方式

应对是个体为应付应激源以及因应激源而出现自身不平衡状态,有意识地作出的认知性和行为性努力。从应对的概念可以进一步认识,应对是应激源和应激反应的重要中介因素;应对是为了缓冲应激源对个体的影响,摆脱心身紧张状态的心理适应过程;与以潜意识为主的心理防御机制不同,应对是个体有意识的心理活动和行为策略。

应对的内涵十分丰富,应对方式具有多样性,因此应对的分类很多。例如比林斯(A. GBillin)和穆斯(R. H. Moos)根据自己的研究提出应对方式的三种类型:一是积极的认知应对,指个体希望以一种自信的,并有能力控制应激源的乐观的态度评价应激事件;二是积极的行为应对,指个体采取明显的行动,希望通过行动解决问题;三是回避应对,个体企图回避主动对抗或希望采用间接方式,如大量抽烟、酗酒等方式缓解与应激有关的紧张情绪。拉扎勒斯(Lazarus)和弗科曼(Folkman)提出的应对的针对性分类得到广泛认可。他们把应对分为针对问题的应对方式和针对情绪的应对方式两种。针对问题的应对方式,是指个体通过获取如何行动的信息,改变自己的行动或采取行动,以改善自身与环境的关系的努力。针对情绪的应对方式,是指个体调节自己由应激事件引起的不良情绪的努力。另外,从心理应激的环节来分,应对可以分为针对生活时间、针对认知评价、针对社会支持三类;根据对健康影响来分,应对可分为积极应对和消极应对。此外,应对还有对抗、淡化、自控、求助、倾诉、自责、逃避、放松、面对、自评等多种方式。

应对方式与认知评价一样在应激过程中受到个性、年龄、认知、社会支持、情景等各种因素的影响,同时它也会影响其他因素。例如随着年龄的增长,个体适应和应对应激事件的方式也逐渐成熟;认知评价能直接决定个体采取什么应对方式;有否社会支持在一定程度上可以影响个体的应对策略;不同个性特征的人对应激事件的应对方式也会不同;应激反应同样影响应对方式。如长期处于慢性应激状态的人,可能会失去积极应对环境的能力。

由以上分析可知,应对的方式是十分丰富的,应对方式的选择受到各种因素的影响。不同的应对方式会产生不同的结果。合理的应对方式有助于个体有效地解决矛盾,更好地适应环境,从而起到缓解紧张情绪和维护心理健康的作用。

三、社会支持

社会支持又称社会网络,是指个体来自社会各方面包括家庭、亲属、朋友、同事、伙伴等社会人以及家庭、单位、党团、工会等组织所给予的精神上和物质上的帮助和支持程度,是应激作用过程中个体可利用的外部资源。社会支持包括客观支持和主观支持。客观支持是指个体与社会网络的关系和得到的物质上的直接援助。主观支持是指个体体验到的在社会中被尊重、被理解和满意的程度。

大量事实证明,社会支持是影响应激反应结果的重要因素。它具有影响个体应对策略、减轻应激反应的作用,与应激引起的身心反应呈负相关。社会支持作用的发挥,关键在于个体对社会支持的利用度。社会支持的利用可以有效地缓解和降低应激的强度,有助于个体摆脱困境,对身心健康的保护起着重要作用。缺乏或不能很好地利用社会支持,当个体面临同样强度的应激源时,出现生理、心理应激反应的程度就相对较为明显。

四、个性特征

人格特征与应激的关系主要体现在两个方面:一是个性特征

影响个体对应激的易感性。例如A型人格的人争强好胜、性情急躁、情绪容易激动、言语动作节奏快、过度敌意。A型人格是应激的易感人格。B型人格的人性情温和、随遇而安、做事不慌不忙、言语动作节奏慢、缺少竞争性。B型人格对应激的感受性较低。二是个性特征影响个体对环境的适应力,也就是人格能影响个体对应激源的反应。例如,具有坚韧个性特征的个体更能应对紧张的生活环境,较少出现应激反应。因为他们勇于承担责任,常常以积极的挑战应对变化的环境,同时相信个人的行为、能力和个性是影响应激反应的决定因素。人格不但可以直接缓冲应激反应,还能通过影响认知评价、应对方式、社会支持等其他应激因素实现其缓冲效果。而具有自卑、多疑、狭隘、自私、敏感、偏执、冲动等个性品质的个体,社会适应能力较差,容易引起应激反应,甚至引起强烈的应激反应。

人格特征在应激反应中的意义在于,在应激作用过程中,人格特征与各种应激因素相互联系,互相作用,最终影响生理、心理应激反应的性质和程度,并与个体的身心健康密切联系。

第四节 应激反应

当个体通过认知评价觉察自身受到应激情况的威胁后,会出现生理、心理和行为方面的一系列反应。适度的应激反应和积极的应对方式有利于个体适应环境,保护身心健康;过度的应激反应和消极的应对方式不利于个体适应环境,易给身心健康带来损害。

一、应激的生理反应

在应激状态下,身体会出现一系列生理性反应,这些生理反应是通过神经、内分泌、免疫三个调节系统实现的。常见的应激生理反应如下。

(1)心血管系统:心率加快、血压升高,心悸气短、胸痛、出汗、面色苍白等,在恐惧时比较显著。如果应激源刺激过强或时间太长,情绪抑郁时,心率减慢、心排出量减少、血压下降。

(2)呼吸系统:呼吸加快,愤怒时呼吸可超过40次/min,恐惧时可达60次/min,甚至发生过度换气综合症或呼吸困难等症状。

(3)消化系统:食欲不振、消化不良、胃肠不适,出现呃逆、恶心呕吐、腹泻或便秘等。

(4)神经系统:头痛、头晕、耳鸣、记忆下降、注意力不集中、警觉性增高、敏感性增强、震颤,出现担惊受怕、入睡困难、易醒甚至噩梦。

(5)内分泌系统:出现血糖降低,造成眩晕甚至休克,有怕冷、发热等症状,部分女性出现月经不调、闭经。

(6)泌尿生殖系统:出现尿频、排尿困难、尿失禁,甚至出现性功能障碍,如阳痿、早泄、性冷淡。

(7)骨骼系统:出现肌肉紧张,特别是腰背部或颈部肌肉酸痛明显,还可表现为肢体或关节疼痛、麻木或刺痛感。

二、应激的心理反应

应激的心理反应可以涉及心理现象的各个方面,这里主要就应激的情绪反应和认知反应作介绍。

(1)焦虑　焦虑是个体在预期危险和威胁时表现出来的紧张、担心和恐惧的情绪状态,适度的焦虑可提高个体的警觉水平,也可提高个体对环境的适应和应对能力,是一种自我保护的良性反应。过度焦虑是不良的情绪反应。

(2)抑郁　抑郁是应激状态下常见的一种负性情绪,表现为心境差、忧愁、兴趣下降、悲观绝望、寂寞孤独、失落感和厌世感等,常伴有失眠、食欲减退、性欲降低,严重者有自杀企图或行为。对于有严重抑郁情绪反应的人,应积极干预治疗,并采取适当反防范措施。

(3)恐惧　恐惧是一种本能的防御性反应，是个体在遇到特别危险情境时的情绪状态。可出现一系列强烈的生理应激反应和行为反应，过度持久的恐惧会对人的身心健康带来不利的影响。

(4)愤怒　愤怒是因挫折和威胁而产生的情绪状态。由于个体目标受到阻碍，自尊受到伤害时，为了排除障碍，恢复自尊，常会激起愤怒情绪，甚至伴有攻击行为。

(5)敌意　敌意是憎恨和不友好的情绪，与个体攻击性欲望有关，常对人产生仇视心理和敌对情绪，多表现为对人辱骂与讽刺。

(6)无助　无助又称失助。表现为消极被动，无所适从和无能为力。往往发生于一个人反复应对应激环境，但又不能摆脱影响的情况下。

另外，在心理应激反应下，个体还会出现注意力分散，反应能力、判断能力和工作能力下降，容易导致事故；另外，还会出现人际交流困难，主动性和创造性缺乏、工作满意度和归属感降低等心理现象。

三、应激的行为反应

应激产生的心理反应必然会伴随个体行为上的改变，以缓冲因应激对机体身心反应的影响，摆脱心理紧张状态，适应环境的需要。

（一）躲避行为

表现为逃避或回避，两者都是个体为了摆脱遭遇的危险或困境，离开应激源所采取的防御性行为，是一种保护个体生存发展的应对方式。逃避或回避反应可以是积极的行为方式，也可以是消极的行为方式，但是采取哪一种行为方式要根据当时的情景而定。例如,一个人一遇到困难就退缩,不敢面对,这就是懦弱无能的表现;假如一个人处于难于对付的危险境地,采取暂时躲避的方式,是比较明智的行为。

(二)推诿行为

这种行为是个体受到挫折或失败时,将原因归咎于自身以外,通过推卸责任的方式来减轻内疚,求得心理平衡。例如,考试不好,就说老师出题太偏或当时自己身体不好。

(三)退化行为

所谓退化,是个体处于应激情况下,放弃成人的应对方式,而采起幼儿的方式去应对面临的应激情境或满足自己的欲望的行为。例如,受到挫折时,如同小孩一样大哭大闹。往往有退化行为反应的人,常伴有依赖的心理行为,处处希望得到别人的关心照顾,而不是靠自己的努力解决问题,多见于重病后或慢性病人。

(四)攻击行为

是指个体在强烈应激刺激下,失去理智和控制,表现出来的对人不友好的谩骂和羞辱或产生的粗暴、凶狠的行为。攻击行为的对象可以针对他人也可以针对自己,可以是人也可以是物。

(五)物质滥用行为

个体在心理冲突或应激情况下常会通过大量饮酒、吸烟或服用药物等行为方式麻痹自己,达到暂时忘却自身痛苦和烦恼的目的。这种不良的行为方式一旦成为习惯,会损害身心健康。

四、应激的综合反应

应激的产生会导致个体生理、心理和行为方面的一系列反应,应激的所有这些反应并不是各自独立的,而是整体的综合反映。

(一)亚健康状态

是指个体处于健康与疾病之间的状态。由于个体长期处于紧张的应激环境中，未得到有效的调整，造成身心疲惫，出现慢性疲劳、精力低下的现象，被称为亚健康状态。这种亚健康状态的发展可分为三个阶段。

（1）轻微失调阶段。此阶段个体的主要表现是失眠、焦虑。当个体处于初期应激状态时，机体会采取各种防御措施进行保护性自我调节。如果防御性反应有效，个体的生理、心理活动也将恢复正常。如果初期防御反应不能完全消除应激环境带来的影响，就会进入中期失调阶段。

（2）中期失调阶段。此阶段个体主要表现为懒散、疲乏和淡漠。此阶段个体机体会动员更多的全身的能量和资源去应对应激环境。一般情况下，只要个体积极调整应对方式，有效控制应激源，通过努力，可以逐步提高对新环境的适应性，恢复机体内稳态的平衡；否则，应激状况得不到改善，个体机体内稳态进一步失调，进入临床前阶段。

（3）临床前阶段。此阶段个体可供机体调动的能量储备继续损耗，机体内稳态严重失衡，适应能力进一步下降，处于身心疲惫、抑郁、社会孤独状态。如果得不到及时有效的调整和改善，机体就会陷入崩溃状态，导致各种疾病，严重者可致死亡。

综上所述，亚健康状态是个体长期处于应激状态，得不到调整和改善的结果，就其本身经历的三个阶段看，亚健康状态是一个动态变化、症状由轻到重发展的过程。但是，个体亚健康状态无论处于哪个阶段，只要进行及时有效的调整，就可以使机体身心状况得到改善，向健康状态转化；否则，就会导致疾病的发生。

（二）崩溃

崩溃是一种由于强烈心理应激而带来的一种无助和绝望的情感体验，表现为体力和精神的极度损耗。

第五节　潜水员应激的干预措施

适度的心理应激对个体的身心健康具有促进作用，使人产生良好的适应结果，但是当应激源刺激过强或个体应激紧张状态持续过久，就会干扰妨碍个体的身心健康。影响个体的正常活动功能，因此，必须采取措施，加以控制，对应激进行干预。

应激干预包括个体自我调控，专业人员心理咨询或心理治疗，以及社会支持等方面。干预主要是针对应激发生的各个环节采用措施，以有效地降低个体应激的强度，维护身心健康。具体干预措施主要如下。

1. 控制、减少或回避应激源

(1)消除、减少应激源，如治疗疾病、消除事故隐患、改善社会生活环境；

(2)改变产生应激的生活方式和不良行为；

(3)“回避”产生应激的环境，如高血压患者要避免与人争吵等。

2. 调整认知方式

(1)调整心态，学会变换角度看问题；

(2)消除不合理的信念，调整期望值；

(3)增强自信心，提高自我效能。

3. 增强应对能力

(1)学会情绪调控，培养乐观主义精神；

(2)加强体育锻炼，增强应对的身体素质；

(3)进行心理训练，增强应对的耐受力；

(4)改善个性特征，增强应对的适应性。

4. 拓展应对资源

(1)学会求助，善于利用社会支持；

(2)开展心理咨询和心理治疗,增强外助力。

5. 掌握应对技能

(1)监视应激源和早期应激反应,及时、合理地选择应对方式;

(2)学会转移和释放,降低紧张水平;

(3)学会放松和减压,缓解压力,减轻症状。

6. 改进组织管理

(1)加强管理者与潜水员的沟通和潜水员间的交流,增强团队凝聚力;

(2)合理控制工作负荷、工作量和工作时间;

(3)建立有效的激励机制,增强潜水员满意度;

(4)加强民主管理,保障职工权益,使职工有更多的参与决策的机会;

(5)重视人性化管理,关心潜水员的家庭、婚姻和个人发展;

(6)组织各种培训,为潜水员提供职业发展的机会;

(7)丰富企业文化,改善潜水员业余生活;

(8)建立潜水员心理健康保障和应激管理方案并作为单位管理规章制度内容。

第八章

潜水员的人际关系

第一节 潜水员人际关系的特点

潜水是一项特殊的职业，潜水员的特殊工作环境和工作模式决定了潜水员特有的相处方式。尤其是氦氧饱和潜水密闭舱这样人类生存环境的极端状况，是极为特殊的社会、心理、生理应激源，会对潜水员的各方面产生不同的影响。海军医学研究所对参加深潜工作的潜水员的人际关系进行了研究，发现在高气压环境下于狭小的密闭舱内生活数周，活动受限、感觉刺激单调、相对的社会隔离，以及个人隐私空间被打破等不良应激因素会导致潜水员出现烦躁、焦虑和抑郁等不良情绪，甚至产生人际冲突。有人对模拟潜水实验舱的密闭生存空间对潜水员人际关系的特点进行研究发现，潜水员把相互尊重摆在人际交往的第一位，是相互交往的前提条件；在发生人际冲突后的归因方式中，超过60%的人选择归因为“他人”，其次为“他人和自己”，少数归因为“自己”；在应对方式方面，40%～50%的潜水员选择了“包容”“沟通”等积极的应对方式，10%～20%的潜水员选择了面对“攻击性的言语和行为”或“自私”行为时，选用“争吵”来解决，说明潜水员对具有人格攻击的言语和自私的行为容忍性较差。也有较多人选择“忍耐回避”的方式来处理，但这种方式虽然暂时回避了矛盾和冲突，但是矛盾仍在积累中，一旦超过承受限度，冲突将更加激烈。

第二节 影响潜水员人际关系的心理因素

一、人际需求

天上地下，体验孤独的心理学实验。

在未来3年里，意大利人莫里兹奥·蒙塔尔比尼可能将是世界上最孤独的人。这位53岁的洞穴探险家近日宣布，他准备独自在地下80m深的洞穴中生活1 000天，以创造新的世界纪录。蒙塔尔比尼在意大利可谓是家喻户晓的“穴居人明星”，过去20年，他有3年多的时间都是在地下度过的。1987年，34岁的蒙塔尔比尼在意大利东部的一个洞穴中连续生活了210天。当时，谁也没料到他的第一次尝试就打破了世界纪录。1992年和1998年，在地上待不住的蒙塔尔比尼又进行了两次穴居生活，持续时间分别是366天和166天。

地下生活虽然给蒙塔尔比尼带来很高的知名度，但对他来说，并不轻松。在暗无天日的封闭环境里，蒙塔尔比尼可做的事情屈指可数，除了吃饭和睡觉，就只能是看书或看录像片，唯一的运动就是在健身车上使劲地骑一阵。1992年，在长达1年的穴居生活中，他看了100部录像片，在健身车上骑了1 600多公里，抽了380包香烟。如今虽然时隔14年，但蒙塔尔比尼的这次地下生活仍然乏味如故，仅有的改善就是增添了一些美味——4kg蜂蜜、2kg核桃仁和1.5kg巧克力。在166天里，他的体重减轻了13kg，而且从未睡过一个安稳觉——每次睡眠都没超过5h。1998年当他出洞时，他的免疫系统功能降到了极低点，情绪低落，不善与人交谈。因此，当有记者问他是否更愿意在地下洞穴中生活时，蒙塔尔比尼断然回答道：“开玩笑吗？我再也不会回到那个地方去了。”

当然，蒙塔尔比尼三番五次地钻到洞穴中，绝不仅仅是为了享受清静。在地下他那不足 $10m^2$ 的“家”里，除了配备饮用水和供电系统外，还要安置一系列医学仪器，用于对他的身体状态进行监测并及时地将数据传送给地面的研究人员。科学家希望通过这些试验回答一个困扰人类多年的疑问——人类在封闭、孤独的环境下能否健康生存，究竟能生存多久。对大多数人来说，在洞穴这类封闭环境中长期生活是一件不可思议的事，但洞穴探险者们却不这么认为，他们总是在不断地尝试、挑战，甚至试图在地下打造出一个欣欣向荣的另类世界。

1962 年，法国人西夫尔进入到法、意交界的阿尔巴劫海洞穴。他原定在那里逗留 100 天，但由于黑暗、潮湿，他只待了 63 天就返回地面。10 年后，他“全副武装”——头部、胸部带着记录心跳、血压和体温的探针，兜里装各测量洞内温度的传感器，再度闯入美国得克萨斯州的一个洞穴，结果还是出现了不良反应。

人是一种社会性的动物，生来就必须与其他人交往。如果人与世隔绝，那他将无法完成社会化过程，也就无法成为人。所谓社会化，指的是在特定的社会与文化环境中，个体形成适应于该社会与文化的人格，掌握该社会所公认的行为方式的过程。也就是说，人只有在社会中生活，才会慢慢成为人。

美国心理学家马斯洛提出人的需要层次理论，将人的需要分为五个层次：第一层次为生理上的需要；第二层次为安全需要；第三层次归属于爱的需要；第四层次为尊重需要；第五层次为自我实现需求。马斯洛所讲的爱与归属的需要，其本质就是人都需要与他人进行人际互动，与他人发展关系。如果人离群索居，不与人交往，则可能会因孤独而导致心理变态，甚至造成精神崩溃，正如前面提到的洞穴专家蒙塔尔比尼的例子。

二、人际知觉

人们在社会环境中正常生活，除了要知觉自然界中的各类物体外,更重要的一点是,还要知觉由人所构成的社会现象的信息。我们通常称前者为物知觉或一般知觉,称后者为人知觉或人际知觉。人际知觉就是指个人在社会环境中对他人的心理状态、行为动机和意向做出推测与判断的过程。人际知觉一般包括以下几个方面的内容。

(一)他人知觉

与他人交往中,通过感官获得他人外部特征(言谈、举止、仪容、仪表)的信息,对这些信息加以选择、组织和解释,进而判断他人的动机、兴趣、情感和个性等心理活动,形成对他人完整形象的知觉。

庄子和惠子漫步在濠河的桥上。

庄子说:“鲦鱼游弋得很从容,这鱼很快乐啊。”

惠子说:“你不是鱼,怎么知道鱼的快乐呢。”

庄子说:“你不是我,怎么知道我不知道鱼快乐呢。”

惠子说:“我不是您,当然不知道你的感知;你也不是鱼,你也不知道鱼的快乐,这不就完了。”

庄子说:“请回到我们开始时的话题,你刚才说的‘你怎么知道鱼的快乐’这句话,就是说你已经知道了我知道鱼的快乐却还来问我,我是在濠上知道的。”

(二)自我知觉

自我知觉是把自己作为知觉对象,对自己的生理变化、心理状态、人格特点等的认识。我是一个什么样的人?我是否受人欢迎?我的性格是开朗外向的吗?这是我们经常对自己的发问。人贵有自知之明,但我们又是怎样认识自己的呢?

有个士兵喝醉酒后回到营房,值班的中尉把他叫去训话。

中尉向他历数了喝酒的种种害处。

“假如你不喝酒,说不定现在已当上军士了,难道你不希望被提升吗?”

那个士兵回答说:“说实在的,我一杯酒下肚后就觉得自己已经当了上尉。”

(三)人际关系知觉

人际关系知觉是知觉者对自己与他人关系的知觉和对他人与他人关系的知觉。其核心是对人际关系的判断。人际关系是人们之间相互认识、相互认同、相互体验所形成的一种以感情为联系的心理体验,其中感情色彩最为突出。对于自己与他人之间、他人与他人之间的关系,个体通常根据自己或他人经常表达的意见、表露的态度和情绪来推测。例如,甲总是夸奖乙,而乙也总是说甲好,于是人们认为甲、乙两人的关系很好;相反,甲有意无意地贬低丁,而丁看到甲时所产生的表情不如看到丙或其他人那样亲切,于是人们认为甲、丁两人的关系一般或不好。

(四)影响人际知觉的因素

1. 思维定式

思维定式简单地说就是人们依照既定的方向或方法去思考问题。

2. 认知对象因素

三国演义中有这样一个故事:与诸葛亮齐名的庞统去拜见孙权,“权见其人浓眉掀鼻、黑面短髯、形容古怪,心中不喜”,庞统又见刘备,“玄德见统貌陋,心中不悦”。孙权和刘备都认为庞统这样面貌丑陋之人不会有什么才能,因而产生了不悦情绪。除了认知对象的个体魅力(外表容貌、行为态度等)外,影响我们对知觉对象的认知还与被认知者的知名度及被认知者的自我表现有关。如果被认知者知名度高,知觉者无形中会把他看成是有魅力的人。

3. 认知情境

在认知情境中,除了场所会影响人际知觉外,还有一个很重要的因素是空间距离。人与人之间需要保持一定的空间距离。

任何一个人,都需要在自己的周围有一个自己把握的自我空间,它就像一个无形的"气泡"一样为自己"割据"了一定的"领域"。而当这个空间被别人触犯就会感到不舒服,不安全,甚至恼怒起来。

4. 人际知觉的偏见

我们知道,人的知觉是会出现错误的,即出现错觉。所谓错觉,指的是不符合客观事物本身特征的失真或扭曲的知觉反应。比如,也许你有过等人的经历,时间的难熬令人头痛不已,心情也出奇的糟糕。如果你一边等人一边看书或听音乐,你就会发现时间过得也挺快的。这其实是一种时间错觉。

外在感受对时间膨胀之影(爱因斯坦)实验摘要:一个男人与美女对坐 1 小时,会觉得似乎只过了 1 分钟;但如果让他坐在热火炉上 1 分钟,就会觉得似乎过了不止 1 小时。这就是相对论。

三、人际归因

所谓归因,就是指人们对于自己或他人行为原因的知觉和判断。在行为或事件发生之后,人们为控制行为、确定行为目标或实现目标,总要努力探寻其产生的原因。在现实生活中,人们总是要对身边的事情或现象问个为什么,并自发地对其进行解释推理。例如,为什么张三今天愁眉不展、情绪低落?是考试没考好还是失恋了?为什么李四今天这么兴奋?是股票大涨了吗?王五今天为什么对其死对头出手相助?等等。

(一)归因的分类

人们行为的原因包括内部原因和外部原因两种。内部原因是指个体自身所具有的、导致其行为表现的品质和特征,包括个体的人格、情绪、心境、动机、欲求、能力、努力等。外部原因是指个体自身以外的、导致其行为表现的条件和影响,包括环境条件、情境特征、他人影响等。如果把行为的原因归结为内部原因,我们称之为内部归因，反之则称为外部归因。例如，一个学生考试考砸了，他可能将其归结为自己的努力不够，上课不够认真，这是内在归因；他也可能将其归为是考试前那天晚上由于同学太吵，自己没休息好造成的，这就是外在归因。同学上课迟到，如果他解释是起床迟了，这是内在归因；如果解释成路上塞车了，这就是外在归因。

（二）归因偏差

人们在对他人的行为进行归因时有一种倾向，即推论他的行为与他们的个性及人格相一致。有一个明显的例子：当我们在观看精彩的辩论赛时，我们通常会不自觉地认为场上慷慨激昂的选手的内心想法正是他们在努力阐述的。但实际情况是辩题的立场是通过抽签决定的，很有可能对手的观点倒是他真正的看法。

（三）归因中的自利偏差

自利偏差是一种动机性的偏差，是指人们倾向于把自己的成就归因于内部因素，把自己的失败归因于外部因素。如果自己成功了，找主观原因，特别是特质方面的原因，诸如能力高什么的；倘若自己失败了，找客观原因，特别是情境方面的原因，诸如运气不好、晚上休息不好、题目范围太广等。反过来，对别人则没有这么厚待了，别人成功了，说是客观的情境原因，如机会好云云，倘若别人失败了，则说是主观的特质原因，诸如能力低下、只知道死啃书本之类的。比如，我们经常将社会上一些“暴发户”的成功归因为运气好，不愿承认其商海拼搏中胆识的作用。

四、人际吸引

影响人际吸引的因素如下。

1. 时空接近性

空间上的距离越小，双方越接近，则往往容易成为知己，尤其是在交往的早期阶段更是如此。俗语说：远亲不如近邻。

2. 个体属性

时空接近确实对人的吸引力影响很大。但仔细想想，生日晚会上邀请你的人都是你同宿舍的吗？可能并非如此，你天天见面的舍友可能并不是你最好的朋友，你最好的朋友也不一定离你最近。那么，产生人际吸引的因素还有哪些呢？

3. 外表

亚里士多德曾说道："美丽比一封介绍信更具推荐力。"虽然人们常说"人不可貌相""不要以貌取人"，但是在实际生活中相貌对初次交往的人来说是一个重要的吸引因素，特别是在异性交往时。个人的相貌会影响我们对这个人的知觉。研究发现，人们一般觉得外表美丽的人通常比较聪明、有趣、独立、会交际、能力强等。

4. 相似性

时空的接近会增加彼此的熟悉，外表的美丽也会增加吸引力。但要进一步发展的话，主要依靠的还是相似性——兴趣、态度、价值观、背景或性格等的相似。俗话"物以类聚、人以群分"、成语"惺惺相惜"，说的都是这个道理。在日常生活中，不管是褒义的"志同道合"，还是贬义的"一丘之貉"，都说明相似性在人际吸引方面的作用。

五、人际沟通

所谓人际沟通指的是个体与个体之间的信息、思想和情感的交流过程。沟通的过程可以用图 8-1 的模型来表示。

完整的沟通过程包括七个部分，即发送者、信息、编码、通道、解码、接收者和反馈。人际沟通具有以下几个特点。

(1)在人际沟通中，沟通双方都有各自的动机、目的和立场，都影响判定自己发出的信息会得到什么样的回答。在沟通过程中发生的不是简单的信息运动，而是信息的积极交流和理解。

(2)人际沟通借助言语和非言语(如音调、身体姿势)两类符号，这两类信号往往被同时使用。二者可能一致，也可能矛盾。

(3)人际沟通是一种动态系统，沟通的双方都处于不断的相互作用中，刺激与反应互为因果。例如，乙的言语是对甲的言语的反应，同时也是对甲的刺激。

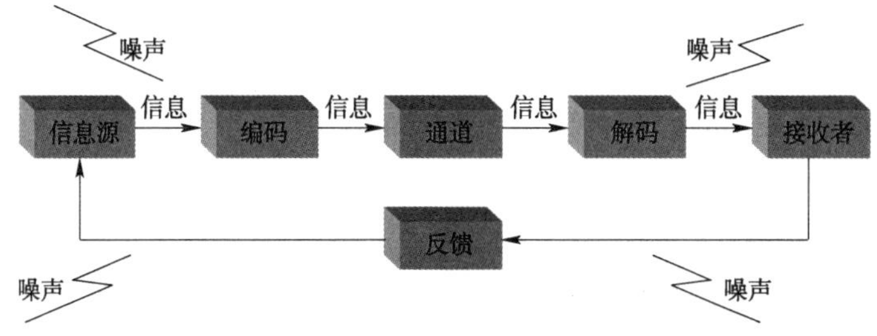

图 8-1 沟通的过程

(4)在人际沟通中，沟通双方应有统一的或近似的编码系统和译码系统。这不仅指双方应有相同的词汇和语法体系，而且要对语义有相同的理解，否则将出现“鸡同鸭讲”的情景。在一个夜黑风高的晚上，甲、乙两个江洋大盗去行窃。乙让甲爬上墙去看看有没有保安，甲爬上墙后做了一个“OK”的手势。乙看见这个手势后，欣然翻墙而入。但随后不刮一分钟，甲、乙两个人都被捕了。在监狱里，乙气愤地对甲说：“你不是说 OK 吗？哪来的保安？”甲委屈地说：“我是说有三个保安，不是说 OK，你怎么能怪我呢？”

语义在很大程度上又依赖于沟通情境和社会背景。另外，沟通场合及沟通者的社会、政治、宗教、职业和地位等的差异也会对语义的理解产生影响。

第三节 潜水员人际关系的调节

一、如何洞悉人心

松下幸之助曾经说过：人际关系最重要的就是先要了解彼此

的优点、缺点。这种了解是非常必要的。那如何洞悉人心呢？

（一）从行为习惯洞察人心

一个人心里想什么，想要干什么，必然会体现在他的言行上，但有些人的言行并不一致，如果仅听其言，就会为其所骗。所以听其言，必须观其行。人是极其复杂的，因为人的内心所想所要干的与其言行因人不同而各异，即有一致的或相反的。一般而论，刚直的人，心里想什么，就照说照干，这种人言行一致，易于了解，听其言观其行使知其人。但狡诈的人，所想所要的是一回事，所说的以至所行的又是另一回事，即以其敞亮的言辞、合乎道义的行为，来掩饰其罪恶的用心，因此获得人们的赞赏和支持，以达到其罪恶的目的。所以对这种人只察其言观其行，一时还难识其人，必须花相当的时间加以考察。但是，即使对于最狡诈的人，明智的人以其行观察其人，加以仔细分析，终会发现其漏洞之处。如易牙、开方、竖刁等人，齐桓公认为他们的言行都合乎己意，是忠于己的侍臣，视之为心腹；而管仲从他们“杀子”“背亲”“自阉”以讨好桓公，是不近人情之举，他们如此自我牺牲必有所图，故得出“难用”的结论。而桓公不听，结果自取其祸。这证明管仲有知人之明。由此可见，观察其人行动是否合乎道义，是衡量人的标准之一，也是一种看破人心的良法。

要知人需要掌握其人的全部言行，这是知人的基本条件。如果仅据其人一言一行而对其人做出结论，结果必然失之偏颇。看破人心，要听其言观其行，就是强调看破人心不仅要听其说得如何，更重要的是要看其做得如何，做和行就是我们所讲的实践。

（二）从小变化洞察人心

弗洛伊德说：任何人都无法保守他内心的秘密。即使他的嘴巴保持沉默，他的指尖也喋喋不休，甚至他的每一个毛孔都会暴露他。每次口误、小错误、遗忘都可能反映其内心的想法。

（三）从表情洞察人心

透过表情可以窥探心灵的深处，把握情绪变化的尺度，了解感情互动的根源。从某种意义上说，表情是传递一个人内心信息的显示器，凭着一个人的面部表情来推测和判断一个人的性格，一般都有很大的准确性。有些人的表情是显而易见的，也比较容易读，眉飞色舞、笑逐颜开，标志着谈话气氛非常融洽；怒目而视、左顾右盼，则说明谈话没有找到共同点；皱眉表示不满、愤怒或受到挫折；双眉上扬、双目张大，可能是表现惊奇、惊讶。

二、掌握沟通技巧

（一）沟通不能过于亲密

冬天来临，山中的一群豪猪开始感到寒冷，于是它们为了取暖而互相靠拢挤在一起，可是挤得太近，各自身上的刺互相刺扎，让他们痛不可言，于是，它们不得不离得远一些，然而离得太远，它们又开始感到寒冷。经过不断地试探，它们终于找到了一个不远不近的最佳距离，既免于互相刺伤，又能彼此抵御寒冷的风雪。

从心理学的角度来考察，每个人都会有一种对个人空间距离的本能保护。越是安全感不足的人，对这种保护的要求越强烈。美国社会心理学家爱德华·赫尔对人际交往的合适距离进行了研究，发现了人们之间心理界限的具体数据：亲友关系的距离是15～45cm，熟人之间距离是45～120cm，一般社会关系（例如工作关系）之间的距离是120～360cm，与陌生人之间的距离应在360cm以上。

（二）幽默是人际沟通的润滑剂

幽默的谈吐在社交中是不可缺少的。它能使严肃紧张的气氛变得轻松、活跃，能让人感觉到说话人的温厚和善意，使其观点更容易让人接受。在工作中，人与人相处，有时难免会气氛尴尬，而且如果不及时处理好，一旦结下心结就难以化解。这时候幽默的言辞往往是最佳的润滑剂。

（三）恰当运用赞美

威廉·詹姆士说："人类本质里最殷切的需求是渴望被肯定。"林肯说：人人都喜欢受人称赞"。赞美之于人心，犹如阳光之于万物。致力于社会竞争的人们，若能满足人们的赞美要求则以获益无穷。人际交往中，千万不要吝惜对别人的赞美，赞美可以拉近彼此的距离，给人以亲近感。

（四）聆听的技巧

1. 全心全意聆听

在与人沟通时，听与说的比重是 80 与 20 的比例，听非常重要，听的最高境界是听到别人愿意说。在听的过程中，要设法撇开令自己分心的事情，眼睛要看着对方，点头示意或打手势鼓励对方说下去，借此表示自己在用心倾听。要采取轻松的坐姿，全神贯注，这样不用说话也能让对方清楚你听得津津有味，引导他继续往下说。即便是轮到自己发言时，也无须一直说下去，要把说话的机会留给别人。

2. 协助对方说下去

在沟通的过程中，要学会使用一些很短的评语或问题来表示自己在用心听，即使只是简短地用"真的?"或"告诉我多一点"来表达也可以。这样能让对方充分表达自己内心的想法，而且能够让对方认识到你自己体会到了他的感受，真正理解他表达的含义，这时你给他以安全感和轻松感，那么他将会更愿意向你讲述，这样你就可以获得更多的信息。

3. 要学会听言外之意

通常人们在表达自己的想法时，总会用些比较隐晦的词语来表达，我们如果不认真去分析，很难领会到真正的意思，即使听自己最喜爱的人说话，也容易只听到表面的含意，而忽略话中的话，所以在聆听的时候要注意对方话中隐含的意思。

4. 谈话的技巧

(1)选择话题。

与熟人交谈，可以开门见山。初次相识，则应认真考虑如何选择话题。初次见面应作自我介绍，这是社交的一把钥匙，运用得好，会给交往带来便利。如何做自我介绍？要讲究适度，有人喜欢先作一番自我贬低式的介绍，以示谦虚和恭敬，其实大可不必。

有一个幽默故事，说是一个女导游带领一个外国旅行团旅游，导游长得很漂亮，其中一个外国游客夸奖道："小姐，你真漂亮！"这个导游一番习惯性的中国式谦虚："哪里，哪里！"这名外国游客很认真地指着女导游的眼睛、鼻子、嘴，说："这里，这里。"此外，也应避免一开始就炫耀自己博学多才，显得锋芒毕露，令人生畏；或让人觉得华而不实、夸夸其谈。只有实事求是、恰如其分地介绍自己，才能给人诚恳坦率、可以一谈的印象。

选择话题的标准一般为：至少一方熟悉，能谈；大家感兴趣，爱谈；有展开讨论的可能，好谈。总之，谈话要看对象。

(2)注意"小事"的处理。

①让先：以示谦虚，另借机会观察他人，从容思考谈话内容。

②避讳：如有人秃顶就避免在他面前说"亮""光"等；有人跛脚就避讳说"瘸""拐"等，有人结巴就避讳在他面前学口吃等。

③谦虚：社会心理学家发现，一般人总不喜欢嘴上老挂着"我"的人。开口便"我如何如何"的人，难以被人接受。

④口头禅：它固然能体现个性，但多数是语言累赘，如"嗯""啊""这个""那个"，即使内容精彩也像白米饭里掺了沙。

⑤插话：要尽量让对方把话说完再插话，实在要插话时应征得对方同意，用商量的口吻说"对不起，我提一句可以吗？"或"我插句话好吗？"以示尊重。

⑥平衡：若几个人一起谈话，注意不要把注意力只集中到某一个人身上而冷落他人。除对话者外，可用目光偶尔扫视一下其他人，以把沉默者引导加入谈话之中。

5. 懂得拒绝的艺术

在日常交往中，帮助别人是重要的，尤其是主动的和心甘情愿的帮助更会受人欢迎。但是，如果是被某种心理的压力所迫，对一切都点头答应，实际上是在屈服于另一种心理压力。那么，如何拒绝，才不会使人际关系陷入僵局呢？

（1）努力以一种平静、庄重的方式讲话。

对于客气地拒绝，人们一般不会去非议。一旦你学会说“不”，就会发现过去很多积怨都会消失，你就可以从容地、放心地拒绝一切不正当的要求。

（2）立即答复，不要使对方抱有不能实现的希望。

在沟通的过程中，如果遇到自己难以做到的事情，请不要说“我想想看”或“我看看到时候行不行”等等，应明确地告诉对方：“实在抱歉，这是不行的。”

（3）提出一个反建议。

在不能以某种方式帮助别人时，要在拒绝后提出其他帮助方式或建议，以使别人感受到自己的真诚。假如有朋友打电话问道：“今天早晨你能帮助我照看一下孩子吗？我有好多东西要去买。”也许你会本能的回答：“哎呀，今天上午可不行。”为了慎重对待，或许你应该这样客气地说：“我很愿意帮你的忙，但实在不凑巧。我能帮你干点别的吗？比如说我买东西时顺便给你带些？”

三、突破交往的障碍

（一）如何克服自卑

自卑心理表现为：在交往过程中缺乏自信，想象成功的体验少，想象失败的体验多，感到自己不行，缺乏交往的勇气和信心，特别是在与名人、权威人士、长者的交往中表现尤为突出。造成自卑心理的原因很多，有的是因为对自身评价过低；有的是因为在过去经历中曾受挫折，如受人冷遇、讥笑、指责等；还有的是遇到新的环境，会感到害怕，没有勇气打开局面。自卑的浅层感受是别人看不起自己，而深层理解是自己看不起自己，即缺乏自信。

其实，自卑并不可怕，只要能正确对待，就不会给我们的沟通造成很大的障碍，可以通过以下方式克服自卑心理。

1. 正视自卑

要充分了解自己自卑的来源，尝试想象如果这些造成自卑的因素立即消失，自己会不会感到幸福，这样做有利于消除一些内心隐藏的模糊概念。

2. 关注他人

容易陷入自卑心理状态的人主要是缺乏集体情感。集体或群体的荣辱得失引不起他们的任何情绪变动，只有个人成功失败才是他们关注的焦点。如果总是过分关注自我，期待自己事事都比别人强，那总会发现自己的不足，从而会感到自卑。尝试把目光投射到别人的身上，才会变得理智、客观、忘我，自信才会增强，才会发现别人也有不足，自己也有长处，每个人都有不如意的地方。

（二）如何克服嫉妒

嫉妒心理是对与自己有关系的且强过自己的人的一种不服、不悦、失落、仇视甚至带有某种破坏性的危险情感，是通过把自己与他人进行对比而产生的一种消极心态。当有嫉妒心理的人看到与自己有某种关系的人取得了比自己优越的地位或成绩时，便容易产生一种记恨心理；当看到对方面临或陷入灾难时，就隔岸观火、幸灾乐祸，甚至借助造谣、中伤、刁难、“穿小鞋”等手段贬低人，安慰自己。正如黑格尔所说：“有嫉妒心的人自己不能完成伟大事业，便尽量去低估他人的伟大，通过贬低他人的伟大以使之与他本人相齐。"嫉妒常产生于条件相似的人们之间，嫉妒心理不仅不能帮助嫉妒者超过别人，反而吞噬着他们的生命机体，无端消耗着他们的身心能量，使其越发不能超越他人。嫉妒感会严重妨碍沟通交往，应及时进行调节。

（三）如何克服猜疑

猜疑是每个人在交往中都可能会有的一种自我保护现象，是一种由主观推测而产生的不信任的复杂情感体验。但是要有一定的程度把握。猜疑往往是由于思维偏差所致。一旦有了猜疑心理，就将信息的摄取范围缩小了一半，"疑邻偷斧"的典故讲的就是如此。当怀疑是邻居儿子偷了自己的斧子时，疑者发现邻居儿子的言谈、神色、一举一动都像偷斧的样子。猜疑也是由缺乏自信引起的。缺乏自信的人总认为自己在某些方面不如他人，总以为他人在议论自己、算计自己，即便是他人在一起说话时不经意地瞥了自己一眼，也以为他们在说自己的坏话，还经常将他人听说与自己毫无关联的话理解为指桑骂槐。

（四）如何远离社交恐惧症

恐惧心理表现为：与人交往时（尤其是在大众场合下），会不自主地感到紧张、害怕，以至于手足无措、语无伦次，严重害怕见人，这也可称为社交恐惧症。其中有些人主要表现为对异性的恐惧，成为异性恐惧症。

调适恐惧感，可以从以下几个方面努力。

1. 正视恐惧

许多恐惧者虽在痛苦中体验着忐忑不安的情绪，但实际上，他们往往很少能直面自己的恐惧对象，也就是说，不能清晰地认识到是什么让自己恐惧。这种莫名其妙的恐惧感笼罩着恐惧者，因此，要鼓起勇气正视它，找到引起恐惧的真正原因。

2. 改变个性中不利于人际交往的品质

个性不良是交往恐惧得以存在和蔓延的前提条件,个性得不到改善,交往恐惧无法彻底根除。因此,要找到个性品质中的不足甚至缺陷,并尽力去完善它。

3. 积极参加交往

交往是增长才智、了解社会、了解他人、把握人生的有效途径,是适应现代生活的必要技能。因此,多参加各种社交,可以让我们获得更多的社会资源和社会支持。

4. 咨询和治疗

严重的交往恐惧往往是不能自拔的,当这种恐惧心理严重影响了个人的正常生活时,必须要积极寻求心理咨询和心理治疗。

四、人际交往中不可不知的心理效应

(一)首因效应

最典型的首因效应就是第一印象,指人们初次相遇(包括间接了解)时产生的印象。人际交往总是通过第一印象进行的,第一印象在人际交往中影响深远,是人长期交往的基础。首先,它使人际认知带有表面性,易“以貌取人”。其次,它会使人际认知产生片面性。“先入为主”,人们往往偏信第一印象。尽管人们都知道,在很短的时间内根据有限的、表面的观察资料判断一个人往往是错误的,但人们还是常跟着感觉走,而忽视以后的新信息,或根据第一印象来解释新信息。

(二)近因效应

最新的认识往往会掩盖以往的评价。心理学家曾做过这样一项实验:分别向甲、乙两组大学生介绍一个人的性格特点,然后要求这两组大学生想象出对这个人的印象。对甲组先介绍这个人的外倾特点,后介绍内倾特点;对乙组则先介绍这个人的内倾特点,后介绍外倾特点。介绍完第一部分后,插入一些与实验无关的活动,然后再介绍第二部分。结果表明,甲组大学生普遍把这个人想象为内倾型,乙组大学生则普遍把这个人想象为外倾型,即都是第二部分材料留下的印象深刻。社会心理学家将这种心理现象称之为近因效应,即最后呈现的材料具有最易回忆、遗忘最少的系列位置效应。近因效应在人际关系交往中并不少见。比如,当发现一个平时表现不错的人犯了某种错误后,人们往往会把问题看得较重,甚至夸大错误,并否定其以往的一贯表现。

(三)皮格马利翁效应

皮格马利翁(Py8malion)是古希神话中的塞浦路斯国王。相传,他性情非常孤僻,喜欢一人独居,擅长雕刻。他用象牙雕刻了一座他理想中女性的美女像。他天天与雕像依伴,把全部热情和希望放在自己雕刻的少女雕像身上。少女雕像被他的爱和痴情所感动,从架子上走下来,变成了真人。皮格马利翁娶了少女为妻。说明我们对他人的期望会影响到对方的行为,使得对方按照我们对他的期望行事。

(四)晕轮效应

所谓晕轮,是指太阳或月亮周围的"光气"。因为在太阳或月亮四周有光圈围绕,所以本身显得朦胧不清。美国心理学家阿希曾做过一个实验:他给被试者一张列有 5 种品质的表格(聪明、灵巧、勤奋、坚定、热情),要求被试者想象一个有这 5 种品质的人,结果被试者普遍把具有这 5 种品质的人想象为一个友善的人。然后他把"热情"换为"冷酷",要求被试者根据这 5 种品质(聪明、灵巧、勤奋、坚定、冷酷)想象出一个适合的人时,却发现被试者普遍推翻了原来的形象,而产生了一个完全不同的形象。社会心理学家用"晕轮效应"这个词来表述这种心理现象。它是指对某个人的整体印象影响到对此人的具体特征的认识和评价的一种心理现象。例如,看到一个人穿着整齐清洁,印象不错,则很可能认为他做事细心，有条理，甚至负责任；反之，若对此人的印象欠佳，则往往也就会忽略了他的优点。

（五）刻板效应

所谓“刻板效应”，是指在人们的头脑里存在着关于某一类人的固定形象。当我们看待他人时，常常会不自觉地从年龄、性别、职业、地区、民族等方面对其进行归类，并根据已有的关于这一类人的固定形象作为评价和判断他人个性的依据。人们头脑里存在的“刻板效应”是多种多样的。比如，按年龄归类，认为年轻人总是举止轻浮，“嘴上无毛，办事不牢”；而老年人则是墨守成规，缺乏进取心。按性别归类，认为男性总是独立性强，竞争性强，果断勇敢，自信和有抱负；而女性则是“头发长，见识短”，依赖性强，起居洁净，讲究容貌，细心，软弱。按职业归类，认为工人总是身强力壮，直爽热情；而农民则是勤劳谨慎，自私迷信。按地区归类，山东人直爽能吃苦，湖南人能够吃辣，东北人能够喝酒，上海人精明小气。按国籍归类，认为日本人总是精明、勤奋、进取、狡猾，而美国人则是有雄心、天真开朗、不拘小节，等等。容易使人形成“先入为主”的偏见，造成社会知觉的偏差，阻碍人与人之间的认知。

（六）投射效应

所谓“投射效应”，是指由于自己具有某种特性，因而判断他人也一定会有与自己相同的特性。通俗地说，就是“以己度人”，认为自己有什么言行及需要，就认为别人也一定会有什么言行及需要。在现实生活中，“投射效应”有两种既典型又对立的表现形式：一是有些人总是从好的方面来解释别人的言行及需要，认为世上尽是好人。例如，东郭先生和唐僧虽然多次上当受骗，仍不醒悟，原因是他们均有一副“菩萨心肠”，即所谓“以君子之腹度小人之心”。二是有些人总是从坏的方面来解释别人的言行及需要，认为世上尽是坏人。比如，在卑劣者的眼里，似乎别人也和他一样心术不正，倘若别人有一定的善行，也会以为其动机不纯。

宋代著名学者苏东坡和佛印和尚是好朋友。一天，苏东坡去拜访佛印，与佛印相对而坐。苏东坡对佛印开玩笑说，“我看见你是一堆狗屎。”而佛印则微笑着说：“我看你是一尊金佛。”苏东坡觉得自己占了便宜，很是得意。回家以后，苏东坡得意地向妹妹提起这件事，苏小妹说：“哥哥，你错了。佛家说‘佛心自现’，你看别人是什么，就表示你看自己是什么。”

第九章

潜水员的自我心理调适

也许我们无法改变环境，但我们可以转变心境；也许我们无法避免挫折，但我们可以选择微笑面对；也许我们无法扭转命运，但我们可以快乐生活。潜水职业是一项高风险、高要求的艰苦职业，因此，需要潜水员除了具有良好的职业道德、熟练的潜水技能外，还需要具有良好的心理素质去适应职业的要求。我们讲心理健康，就是指个体在各种环境中能保持良好的心理状态，心理与环境相互作用达到平衡。这种平衡实现的过程，也是心理健康维护的过程，从个体而言也是自我心理调适的过程。因此，潜水员学会和掌握一些自我心理调节的方法是十分必要的。这有利于帮助自己化解因各种矛盾、压力而产生的焦虑、困惑和郁闷等不良情绪，从而帮助自己学会情绪调节，提高心理承受力。

第一节 认清你目前的心理健康水平

要想对自我的心理健康进行维护，首先要对自己的心理健康水平有充分的了解和认识。本节主要介绍如何进行自我心理健康水平的判断。

一、心理健康的水平

从健康到疾病是一个连续的过程，从心理正常到心理疾病之间也往往只是程度上的差异。人的心理健康水平可分三个等级。

1. 常态心理者

这类人适应能力比较强，心理常表现为愉快满意，善与他人友好相处，能较好完成同龄人发展水平所应做的活动，具有承受挫折、调节情绪的能力。虽然这类人也会因为挫折和困难而产生烦恼和苦闷，出现心理问题，在某些情境下也会表现出过度兴奋，甚至表现为神经质倾向等等，但这些表现很快便会消失。

2. 轻度心理失调者

这类人的适应能力比一般人较差，不具有同龄人所应有的愉快满意心境，与他人相处有一定的困难，独立应对生活有些吃力，若能主动调节或请专业人士帮助，可逐渐恢复常态。

3. 较重病态心理者

这类人有明显的适应失调，长期处于焦虑抑郁等消极情绪中难以自拔，严重影响正常的生活和工作，如果不及时矫治，有可能向恶化方向发展，甚至精神全面崩溃成为精神障碍。

正常人完全可以出现心理问题和轻度心理失调，但并不属于精神病范畴。

了解自己的心理健康状况，可以帮助我们更好地判断自己哪些方面的状态较好，哪些方面不健康，从而更有效地进行自我调节，排除内心的干扰和冲突，提高心理健康的水平。维护心理健康，一方面要学会自我调适，另一方面要借助于专业心理咨询。其目的，一是使心理健康的人及时化解出现的心理问题，实现心理平衡；二是使心理健康的人免于陷入心理病态；三是使已属于心理病态的人得以解脱。

二、心理健康水平的自我评价方法

正如了解细胞结构要借助显微镜，观察宇宙要借助望远镜一样，对自我心理健康水平的了解要借助一定的心理健康测评工具。

（一）常见心理健康自我测评工具

1. 生活事件量表

美国华盛顿大学医院精神病学家 Holmes 等对 5 000 多人进行社会调查，把人类社会生活中遭受到的生活危机（life crisis）归纳并划分等级，编制了一张生活事件心理应激评定表。该评定表列出了 43 种生活变化事件，并以生活变化单位（life change units，LCU）为指标加以评分。他们在一组研究中发现，LCU 与 10 年内的重大健康变化有关。得分小于 150，近期健康安泰；得分 150 ~ 300，患病概率 50%；得分大于 300，患病概率 70%。

2. 总体幸福感量表（GWB）

总体幸福感量表是美国国立卫生统计中心制订的一种定式型测查工具，用来评价被试者对幸福的陈述。经国内修订后共 18 题，国内修订版量表内部一致性系数女性为 0.95，再测信度为 0.85。

总体幸福感量表（GWB）中国版

1、3、6、7、9、11、13、15、16 项为反向评分，得分越高，幸福度越高。该量表包含 6 个因子：对健康的担心、精力、对生活的满足和兴趣、心情忧郁或愉快、对情感和行为的控制、松弛或紧张。其中对健康的担心因子得分为第 10、15 项得分之和；精力因子得分为第 1、9、14、17 项得分之和；对生活的满足和兴趣因子得分为第 6、11 项得分之和；心情忧郁或愉快因子得分为第 4、18、12 项得分之和；对情感和行为控制因子的得分为第 3、7、13 项得分之和；松弛或紧张因子得分为第 2、5、8、16 项得分之和。

*1. 你的总体感觉怎样（在过去的一个月里）？

（1）好极了；（2）精神很好；（3）精神不错；（4）精神时好时坏；（5）精神不好；（6）精神很不好

2. 你是否为自己的神经质或“神经病”感到烦恼（在过去的一

个月里)?

(1)极端烦恼;(2)相当烦恼;(3)有些烦恼;(4)很少烦恼;(5)一点也不烦恼

*3. 你是否一直牢牢地控制着自己的行为、思维、情感或感觉(在过去的一个月里)?

(1)绝对的大部分是的;(2)一般来说是的;(3)控制得不太好;(4)有些混乱;(5)非常混乱

4. 你是否由于悲哀、失去信心、失望或有许多麻烦而怀疑还有任何事情值得去做(在过去的一月里)?

(1)极端怀疑;(2)非常怀疑;(3)相当怀疑;(4)有些怀疑;(5)略微怀疑;(6)一点也不怀疑

5. 你是否正在受到或曾经受到任何约束、刺激或压力(在过去的一个月里)?

(1)相当多;(2)不少;(3)有些;(4)不多;(5)没有

*6. 你的生活是否幸福、满足或愉快(在过去的一个月里)?

(1)非常幸福;(2)相当幸福;(3)满足;(4)略有些不满足;(5)非常不满足

*7. 你是否有理由怀疑自己曾经失去理智,或对行为、谈话、思维或记忆失去控制(在过去的一个月里)?

(1)一点也没有;(2)只有一点点;(3)有些;(4)不严重,有些;(5)相当严重;(6)非常严重

8. 你是否感到焦虑、担心或不安(在过去的一个月里)?

(1)极端严重;(2)非常严重;(3)相当严重;(4)有些;(5)很少;(6)无

*9. 你睡醒之后是否感到头脑清晰和精力充沛(在过去的一个月里)?

(1)天天如此;(2)几乎天天;(3)相当频繁;(4)不多;(5)很少;(6)无

10. 你是否因为疾病、身体的不适、疼痛或对患病的恐惧而烦恼(在过去的一个月里)?

(1)所有时间;(2)大部分时间;(3)很多时间;(4)有时;(5)偶尔;(6)无

*11. 你每天的生活中是否充满了让你感兴趣的事情(在过去的一个月里)?

(1)所有时间;(2)大部分时间;(3)很多时间;(4)有时;(5)偶尔;(6)无

12. 你是否感到沮丧和忧郁(在过去的一个月里)?

(1)所有时间;(2)大部分时间;(3)很多时间;(4)有时;(5)偶尔;(6)无

*13. 你是否情绪稳定并能把握住自己(在过去的一个月里)?

(1)所有时间;(2)大部分时间;(3)很多时间;(4)有时;(5)偶尔;(6)无

14. 你是否感到疲劳、过累、无力或精疲力竭(在过去的一个月里)?

(1)所有时间;(2)大部分时间;(3)很多时间;(4)有时;(5)偶尔;(6)无

*15. 你对自己健康关心或担忧的程度如何(在过去的一个月里)?

不关心　0　1　2　3　4　5　6　7　8　9　10　非常关心

*16. 你感到放松或紧张的程度如何(在过去的一个月里)?

松弛　0　1　2　3　4　5　6　7　8　9　10　紧张

17. 你感觉自己的精力、精神和活力如何(在过去的一个月里)?

无精打采　0　1　2　3　4　5　6　7　8　9　10　精力充沛

18. 你忧郁或快乐的程度如何(在过去的一个月里)?

非常忧郁　0　1　2　3　4　5　6　7　8　9　10　非常快乐

注:* 为反向计分项。

3. 焦虑自评量表(SAS)

SAS采用4级评分,主要评定项目所定义的症状出现的频度,其标准为:(1)没有或很少时间;(2)小部分时间;(3)相当多的时间;(4)绝大部分或全部时间。其中(1)、(2)、(3)、(4)均指计分分数。SAS适用于具有焦虑症状的成年人。同时,它与SDS(抑郁自评量表)一样,具有较广泛的适用性。SAS的主要统计指标为总分。在由自评者评定结束后,将20个项目的各个得分相加即得,再乘以1.25以后取整数部分,就得到标准分。也可以查"粗分标准分换算表"作相同的转换。标准分越高,症状越严重。此系统的结果剖析图给出的是标准分,分数越高,表示这方面的症状越严重。一般来说,焦虑总分低于50分者为正常;50~60者为轻度,61~70者是中度,70以上者是重度焦虑。

SAS的20个项目中,第5、9、13、17、19这5个项目的计分必须反向计算。

焦虑自评量表(SAS)

下面有20条文字(括号中为症状名称),请仔细阅读每一条,把意思弄明白,每一条文字后有四级评分,表示:没有或偶尔;有时;经常;总是如此。然后根据您最近一星期的实际情况,在分数栏(1)~(4)分适当的分数下画"√"。

1. 我觉得比平时容易紧张和着急(焦虑) (1) (2) (3) (4)
2. 我无缘无故地感到害怕(害怕) (1) (2) (3) (4)
3. 我容易心里烦乱或觉得惊恐(惊恐) (1) (2) (3) (4)
4. 我觉得我可能将要发疯(发疯感) (1) (2) (3) (4)
5. 我觉得一切都很好,也不会发生什么不幸(不幸预感) (4) (3) (2) (1)
6. 我手脚发抖打颤(手足颤抖) (1) (2) (3) (4)
7. 我因为头痛、颈痛和背痛而苦恼(躯体疼痛)

(1)　(2)　(3)　(4)

8. 我感觉容易衰弱和疲乏(乏力)　(1)　(2)　(3)　(4)

9. 我觉得心平气和,并且容易安静坐着(静坐不能)

(4)　(3)　(2)　(1)

10. 我觉得心跳得快(心悸)　(1)　(2)　(3)　(4)

11. 我因为一阵阵头晕而苦恼(头昏)　(1)　(2)　(3)　(4)

12. 我有晕倒发作,或觉得要晕倒似的(晕厥感)

(1)　(2)　(3)　(4)

13. 我呼气吸气都感到很容易(呼吸困难)　(4)　(3)　(2)　(1)

14. 我手脚麻木和刺痛(手足刺痛)　(1)　(2)　(3)　(4)

15. 我因胃痛和消化不良而苦恼(胃痛或消化不良)

(1)　(2)　(3)　(4)

16. 我常常要小便(尿意频数)　(1)　(2)　(3)　(4)

17. 我的手常常是干燥温暖的(多汗)　(4)　(3)　(2)　(1)

18. 我脸红发热(面部潮红)　(1)　(2)　(3)　(4)

19. 我容易入睡并且一夜睡得很好(睡眠障碍)

(4)　(3)　(2)　(1)

20. 我做噩梦(噩梦)　(1)　(2)　(3)　(4)

4. 抑郁自评量表(SDS)

SDS是1965年仲氏发表的一种病人自己进行的抑郁自我评定量表。此量表简短,一般在十分钟之内就可以完成,不用任何仪器设备,方法简单。由20个问题组成,每一个问题代表着抑郁症的一个症状特点,合起来,可以反映出抑郁症的抑郁、心情、躯体不舒服的症状,精神运动、行为症状以及心理方面的症状,而且可以判断出有没有抑郁症状及抑郁的轻重程度。

指导语:下面有20条文字,请仔细阅读每一条,把意思弄明白。然后根据您最近一周的实际情况选择适当的选项,每一条文字后面有四个选项,分别表示:A 1分 ,从无或偶尔;B 2分,有时;

C 3 分,经常;D 4 分,总是如此。SDS 评定的抑郁严重度指数按下列公式计算:抑郁严重度指数 = 各条目累计分/80(最高总分)。指数范围为 0.25 ~ 1.0,指数越高,抑郁程度越重。仲氏等提出抑郁严重度指数在 0.5 以下者为无抑郁;0.50 ~ 0.59 为轻微至轻度抑郁;0.60 ~ 0.69 为中至重度抑郁;0.70 以上为重度抑郁。

抑郁自评量表(SDS)

1. 我感到情绪沮丧,郁闷。	A B C D
*2. 我感到早晨心情最好。	A B C D
3. 我要哭或想哭。	A B C D
4. 我夜间睡眠不好。	A B C D
*5. 我吃饭和平常一样多。	A B C D
*6. 我的性功能正常。	A B C D
7. 我感到体重减轻。	A B C D
8. 我为便秘烦恼。	A B C D
9. 我的心跳比平时快。	A B C D
10. 我无故感到疲乏。	A B C D
*11. 我的头脑和平常一样清楚。	A B C D
*12. 我做事情和平常一样不感到困难。	A B C D
13. 我坐卧难安,难以保持平静。	A B C D
*14. 我对未来感到有希望。	A B C D
15. 我比平时更容易激怒。	A B C D
*16. 我觉得决定什么事很容易。	A B C D
*17. 我感到自己是有用的和不可缺少的人。	A B C D
*18. 我的生活很有意思。	A B C D
19. 假若我死了,别人会过得更好。	A B C D
*20. 我仍旧喜欢自己平时喜欢的东西。	A B C D

注:* 为反向评分项。

5. 症状自评量表(SCL-90)

指导语:以下列出了有些人可能会有的问题,请仔细阅读每一条,然后根据最近一星期以内下述情况影响您的实际感觉,在5个方格中选择一格,划"√"。

症状自评量表

	没有 1	很轻 2	中等 3	偏重 4	严重 5
1. 头痛	□	□	□	□	□
2. 神经过敏、心中不踏实	□	□	□	□	□
3. 头脑中有不必要的想法或字句盘旋	□	□	□	□	□
4. 头昏或昏倒	□	□	□	□	□
5. 对异性的兴趣减退	□	□	□	□	□
6. 对旁人责备求全	□	□	□	□	□
7. 感到别人能控制您的思想	□	□	□	□	□
8. 责怪别人制造麻烦	□	□	□	□	□
9. 忘记性大	□	□	□	□	□
10. 担心自己的衣饰整齐及仪态的端正	□	□	□	□	□
11. 容易烦恼和激动	□	□	□	□	□
12. 胸痛	□	□	□	□	□
13. 害怕空旷的场所或街道	□	□	□	□	□
14. 感到自己的精力下降,活动减慢	□	□	□	□	□
15. 想结束自己的生命	□	□	□	□	□
16. 听到旁人听不到的声音	□	□	□	□	□
17. 发抖	□	□	□	□	□

	没有 1	很轻 2	中等 3	偏重 4	严重 5
18. 感到大多数人都不可信任	□	□	□	□	□
19. 胃口不好	□	□	□	□	□
20. 容易哭泣	□	□	□	□	□
21. 同异性相处时感到害羞不自在	□	□	□	□	□
22. 感到受骗、中了圈套或有人想抓住您	□	□	□	□	□
23. 无缘无故地突然感到害怕	□	□	□	□	□
24. 自己不能控制地大发脾气	□	□	□	□	□
25. 怕单独出门	□	□	□	□	□
26. 经常责怪自己	□	□	□	□	□
27. 腰痛	□	□	□	□	□
28. 感到难以完成任务	□	□	□	□	□
29. 感到孤独	□	□	□	□	□
30. 感到苦闷	□	□	□	□	□
31. 过分担忧	□	□	□	□	□
32. 对事物不感兴趣	□	□	□	□	□
33. 感到害怕	□	□	□	□	□
34. 我的感情容易受到伤害	□	□	□	□	□
35. 旁人能知道您的想法	□	□	□	□	□
36. 感到别人不理解	□	□	□	□	□
37. 感到人们对您不友好，不喜欢您	□	□	□	□	□
38. 做事必须做得很慢以保证做得正确	□	□	□	□	□

	没有 1	很轻 2	中等 3	偏重 4	严重 5
39. 心跳得很厉害	□	□	□	□	□
40. 恶心或胃部不舒服	□	□	□	□	□
41. 感到比不上他人	□	□	□	□	□
42. 肌肉酸痛	□	□	□	□	□
43. 感到有人在监视您、谈论您	□	□	□	□	□
44. 难以入睡	□	□	□	□	□
45. 做事必须反复检查	□	□	□	□	□
46. 难以做出决定	□	□	□	□	□
47. 怕乘电车、公共汽车、地铁或火车	□	□	□	□	□
48. 呼吸有困难	□	□	□	□	□
49. 一阵阵发冷或发热	□	□	□	□	□
50. 因为感到害怕而避开某些东西、场合或活动	□	□	□	□	□
51. 脑子变空了	□	□	□	□	□
52. 身体发麻或刺痛	□	□	□	□	□
53. 喉咙有哽塞感	□	□	□	□	□
54. 感到前途没有希望	□	□	□	□	□
55. 不能集中注意	□	□	□	□	□
56. 感到身体的某一部分软弱无力	□	□	□	□	□
57. 感到紧张或容易紧张	□	□	□	□	□
58. 感到手或脚发重	□	□	□	□	□
59. 想到死亡的事	□	□	□	□	□

	没有 1	很轻 2	中等 3	偏重 4	严重 5
60. 吃得太多	□	□	□	□	□
61. 当别人看着您或谈论您时感到不自在	□	□	□	□	□
62. 有一些不属于您自己的想法	□	□	□	□	□
63. 有想打人或伤害他人的冲动	□	□	□	□	□
64. 醒得太早	□	□	□	□	□
65. 必须反复洗手、点数目或触摸某些东西	□	□	□	□	□
66. 睡得不稳不深	□	□	□	□	□
67. 有想摔坏或破坏东西的冲动	□	□	□	□	□
68. 有一些别人没有的想法或念头	□	□	□	□	□
69. 感到对别人神经过敏	□	□	□	□	□
70. 在商店或电影院等人多的地方感到不自在	□	□	□	□	□
71. 感到任何事情都很困难	□	□	□	□	□
72. 一阵阵恐惧或惊恐	□	□	□	□	□
73. 感到在公共场合吃东西很不舒服	□	□	□	□	□
74. 经常与人争论	□	□	□	□	□
75. 单独一人时神经很紧张	□	□	□	□	□
76. 感觉别人对您的成绩没有做出恰当的评价	□	□	□	□	□
77. 即使和别人在一起也感到孤单	□	□	□	□	□
78. 感到坐立不安、心神不定	□	□	□	□	□

	没有 1	很轻 2	中等 3	偏重 4	严重 5
79. 感到自己没有什么价值	□	□	□	□	□
80. 感到熟悉的东西变成陌生或不像是真的	□	□	□	□	□
81. 大叫或摔东西	□	□	□	□	□
82. 害怕会在公共场合昏倒	□	□	□	□	□
83. 感到别人想占您的便宜	□	□	□	□	□
84. 为一些有关"性"的想法而很苦恼	□	□	□	□	□
85. 您认为应该因为自己的过错而受到惩罚	□	□	□	□	□
86. 感到要赶快把事情做完	□	□	□	□	□
87. 感到自己的身体有严重问题	□	□	□	□	□
88. 从未感到和其他人很亲近	□	□	□	□	□
89. 感到自己有罪	□	□	□	□	□
90. 感到自己的脑子有毛病	□	□	□	□	□

（二）正确使用心理健康测评工具

心理测验是一种科学的测试方法，强调科学性和严谨性。当我们使用心理测验时，必须注意合乎规范，尽管测评工具为我们提供了了解自己心理健康水平的便利方法，但使用不当，不仅不能正确地了解自我的心理健康水平，反而会引起不良后果。

1. 以正确的态度对待心理健康测验

要正确使用心理测验，必须对测验有正确的态度，既不能把心理健康测验奉若神明，有任何心理不良感受时都依靠心理测验来做各种决定，也不能认为心理测验无用且有害。心理测验作为一种人为建立的工具,有其科学性,也有其局限性。避免以测验结果为标准给自己贴“标签”。

2. 正确选择适宜的测验

目前,心理健康的测验工具相对较多,有综合性的测验工具,如MMPI、SCL-90、简明精神量表等,也有针对各种心理问题进行的测验,如焦虑自评量表、抑郁状态量表等,不同的量表测验的结果可能会存在不同,要选择适合的量表进行测验,才可能得到相对准确的结果。

3. 解释测验结果要慎重

测验结果的理解包含两个方面:一是如何使测验分数有意义;二是如何理解测验信息是有意义的。通常在测验之后,得到的原始分数要转化成标准分数,才能对结果进行解释。在理解测验分数时也应注意:不能单纯依靠测验分数下结论,要结合自己的主观感受、别人对自己的观察等进行判断;测验分数只代表目前的状态,且受到多种因素的影响,要以发展的眼光来看待测验分数。

第二节 潜水员自我心理调适的方法

一、建立良性压力应对措施

既然压力不可避免,就有必要学会建立良性的应对压力的措施。

(一)改变认知策略

要提高承受压力的能力,首先要改变对压力的认识,正确认识压力。压力并不都是坏事,处理得好,它也可以成为自强不息、奋起拼搏、争取成功的动力和精神催化剂。生活中许多优秀人物就是在压力和挫折的磨炼中成熟,在困境中崛起的。相反,过于一帆风顺的生活反而会使人安于现状，丧失拼搏精神，面对突然到来的挑战措手不及。因此，压力也是对人的一种锻炼机会，既要重新评价压力源自身的性质，又要重新组织你对应激的认知策略。

（二）改变不合理观念

心理学研究表明，在对压力的看法上，我们有时是抱了不正确的观念，采取了不合适的态度。常见的不正确观念有以下几种。

1. 此事不该发生

有些人把生活工作中的不顺利，学习、交往中的挫折、失败看作是不应该发生的。认为生活应该是愉快的、丰富的，人际关系应该是和谐的、互助的，一旦生活中出现诸如人际冲突、成绩滑坡、好友负心或事与愿违时，就认为它不应该发生，而变得烦躁易怒、束手无策、痛苦不堪、失去信心。

2. 以偏概全

有些人常常以片面的思维方式来看待事物，简单地以个别事件来断言全部生活，一叶障目。例如，有人对自己不友好，就得出结论说自己人缘不好或缺乏交往能力；一次考试不如人意，就认为自己彻底失败，不是读书的材料；一次失恋就认为自己对异性没有吸引力等，从而导致自责自怨、自卑自弃心理，因而焦虑、抑郁。以偏概全不仅表现在对自己的认识上，也表现在对他人、对社会的认识中。如因一事有错而对他人全盘否定；因社会有缺陷，存在阴暗面，就看不到光明，而彻底丧失信心等。

3. 无限夸大后果

有些人遇到的是一些小挫折，却把后果想象得非常糟糕、可怕。夸大后果的结果是使人越想越消沉，情绪越来越恶劣，最后难以自拔。例如，一门功课考试不及格，就认为自己能力不行，学不下去，毕不了业，找不到工作，人生没前途，生命没价值。这实际上是一种自己吓唬自己、给自己施加压力的做法。只有纠正错误的观念，才能实事求是地评价挫折带来的后果，从困难中看到希望。

（三）加强修养，勇于实践，增强心理耐挫能力

为了提高压力应对能力，就应该主动、自觉地将自己置身于充满矛盾的、复杂的社会环境中去考验自己，磨炼自己，向生活学习自己所不具备的，而不是逃避社会。同时，必须提高自身的思想修养、道德修养，培养"慎独"精神，养成冷静思考的习惯，经常自我分析，自我反省，自我激励；积极主动地适应，勇敢顽强地拼搏，坚持不懈地磨炼，会使心理日趋成熟，更有忍耐力，也就能增强承受压力的能力，促进和保持心理向着健康的方向发展。

（四）优化自身人格品质

压力承受力大小与人格特征有关。有几种人格类型的人在应对压力时常常容易引起挫折感受。性情急躁的人，因情绪变化大，易动怒，火暴脾气一点就着，常常因为一点芝麻绿豆的小事而产生挫折感；心胸狭窄的人，因气量小、好猜疑，喜欢斤斤计较，容易体验消极的情感；意志薄弱的人，因做事缺乏耐力和持久，患得患失，害怕困难，只看眼前利益，经不起打击和挫折；自我偏颇的人，因缺乏自知之明，或者自高自大、目空一切，或者自卑自贱、畏首畏尾。

每个人都应主动地培养自己良好的人格品质，改变那些不适应发展的不良的人格品质。重点应培养自信乐观、自强不息、宽容豁达、开拓创新等品质。乐观者在面临挫折、困境时，不会被眼前的困难吓倒，而是能够透过表面的不利看到蕴藏在背后的希望和光明，相信未来是美好的，从而信心十足地去战胜困难。

二、压力自我调整与管理

（一）有效地利用时间

高压力情境通常存在任务负荷大、时间紧迫的特点。每个人

的资源和能量是有限的，于是便无法同时做好数件重要而有难度的工作。因此，我们应学习在多项任务之间合理分配短暂的时间，保证那些最重要的任务能得到优先处理和完成。具体做法为：

（1）列出每天需要完成的所有事情；

（2）根据重要程度和紧急程度对事情进行排序；

（3）根据重要或紧急程度来进行日程安排，重要的和紧急的事情优先安排；

（4）了解自己日常活动的周期状况，在自己最清醒、最有效率的时间段内完成工作中最重要、最紧急的事情；

（5）同一时间内只专注地做一件事情；

（6）当遇到困难时，需要策略性地加以暂停，避免钻牛角尖；

（7）每天至少安排一段个人独处或安静的时间；

（8）摆脱冗余繁杂的资讯包围，有效地选择重要信息。

（二）提升自我价值感

首先，要建立正确的人生目标。每个人都有自己明确的人生目标和成功标准。一个人若只专注于个人成就，解决个人的问题，那么你会感到在这个世界上很孤单。我们每个人都有自己存在的价值，无论你从事何种工作，担当何种职务，只要是为他人好，为组织、社会做出有益的事情，你都是重要而不可缺少的。一颗伟大的心灵不在于你得到了多少，而在于你贡献了多少。当你每一次完成任务，安全而归的时候；当我们的家人、朋友、同事因我们的存在而更加快乐和幸福时；当一个组织因我们的存在而更加兴旺发达时；当这个世界因我们的存在而更加阳光灿烂时，我们就是最成功和最有价值的人。当我们少了一些对功利和虚荣的追逐后，就会觉得生活少了一些沉重，多了一些坦然；当我们少了一些浮躁和抱怨时，就会多一些平和与愉悦。

其次，常怀感恩之心。“不要为你所没有的难过，反要为你所拥有的感谢。”我们常以100分作为衡量自己表现与生活满意的标准,不断要求自己朝100分努力,一旦达不到100分,就容易觉得自己很差劲,压力也随之而来。如果我们凡事“归零”,以“一无所有”为基础来看自己所拥有的,你就会觉得自己所拥有的是何等丰富。同时,打破追求完美的模式,先求“有”,再求“好”。

(三)积极利用人际支持系统

从支持的来源看,工作中的人际关系支持系统,最关键的是来自组织和上司的支持。特别是在我国这样一个重视等级与权力的文化结构中,领导的一句表扬与肯定会使员工觉得再苦再累也值得。从支持的内容来看,最关键的是情感性的支持,其效果要好于单纯的物质性支持。通过与家人、朋友、同事聊天,甚至倾诉,可以交流思想,消除误解,获得支撑,进而缓解压力。俗话说“朋友多了路好走”。多一个朋友,就多一份资源、多一条思路、多一个帮助。

(四)加强自我调整

一旦遇到压力,通过自我调整,也可以减轻压力。自我调整压力的方法有:参加有氧健身运动,如爬山、散步、慢跑、游泳、骑自行车等。这些形式的锻炼有助于增强心肺功能,也可以使人们从工作压力中解脱出来。此外,还可以通过各种放松技巧,如自我调节、生物反馈、瑜伽、太极拳等的训练,减轻身心紧张和焦虑,其核心是使人全身彻底放松,进入深呼吸状态,最终使身心达到深度宁静的自然状态。如果每天坚持20~40min的练习,人的心率、血压、呼吸、消化系统的功能都会有所改善。如果你感到浑身极度疲乏,那么就听从自己身体发出的信号,不要再进行其他活动,睡眠将是最好的调整方式。

三、压力的自我控制

如果一个人的压力大于他的心理承受能力,则会对工作带来负面的影响。

（一）生理控制

紧张状态是压力引起的身心反应，在极端情况下需要使用药物来控制，但更多情况是我们要学会如何给予机体应对压力的自然防卫能力自由发挥，以便当压力出现时能够有一个自然的生理宣泄口。

对付压力的关键因素在于你能控制自身的生理状况，如改善睡眠、健康饮食、体育运动等。尽管压力是一件非常内在的事，但我们却不应该忽视这些外在的物理上的帮助。

（二）心理控制

我们对压力的反应很大程度上取决于我们的情绪状态以及自我评价。我们都曾有过这样的经历，当我们内心不痛快时，我们会因他人的一点冒犯而大动肝火。因而调整你的心理状态会对你应付压力带来完全不同的功效。压力的心理控制大体上可以分为宣泄、积极暗示与咨询三种方式。

1. 合理宣泄

有些潜水员，尤其是性格较内向的潜水员，在发生事故后，倾向于把所有事情都埋藏在心里，不跟任何人讲。长期下来，情绪得不到宣泄，反而影响正常的潜水工作。正像胃要不断消化清理已有的食物，才能容纳新的更有营养的食物一样，人的“心”也要定期做大扫除，把“脏乱”的东西及时清理干净，才能接纳世界更多美好的风景。

心理学上宣泄的方法有很多，比如运动，向亲人、朋友倾诉，大哭一场，大声歌唱等。只要适合自己的就是最好的。

小知识

“雪茄可能就是雪茄，而笑话却永远都不仅仅是笑话。”1905年弗洛伊德在他的《笑话及其与潜意识的关系》中写下了这句经典名言。作为心理学历史上最知名人物之一的弗洛伊德，对于人类幽默这个话题非常感兴趣，在他看来，笑话是心理宣泄的一种方式，可以避免让我们变得过于压抑，换句话说，笑话可以帮助我们对付那些让我们感到不安的因素。

2. 自我暗示

积极的自我暗示又称自我肯定，是对某种事物有力的、积极的叙述。也就是自己对自己做一些正能量的事、说一些正能量的话来鼓励自己。

我们的神经系统是很“笨”的。你肉眼看到一件喜悦的事时，它会做出喜悦的反应；看到忧愁的事时，它会做出忧愁的反应。而你用“心眼”“看见”喜悦的事或忧愁的事，它也会做出相似的反应。我们要不断地、重复地给自己以正面的信息，这样我们过去的那些陈旧的、否定性的思维模式就会被更积极的思想和概念取代。许多的科学实验结果证明，正面暗示是一种强有力的技巧，一种能在短时间内改变我们对生活的态度和期望的技巧，它能够使我们成功。

很多潜水员在发生事故后，开始质疑自己的能力，认为自己潜水技术很差，甚至会把这种想法带到生活中的各个方面，对自己形成一种非常消极的自我认识。通过积极的自我暗示，可以改变潜水员的这种想法，让他们学会用积极的思维方式思考问题，客观地评价自我。比如，可以使用以下这些语句来进行积极自我暗示：“我的潜水技术很好”“我能把事情做好”等等。要注意，在进行自我暗示时，始终要用现在时态而不是将来时态自我暗示，要说“我现在就可以很好地工作”，而不是“我将来会很好地工作”；要在肯定的方式中进行，肯定所需要的，而不是不需要的。不能说“我工作时再也不会走神了”，而是要说“我工作时会集中注意力”，这样做可以保证总是创造最积极的思想形象。

此外，也可以进行动作和表情暗示。比如，早上起来对着镜子给自己一个微笑，做一个握拳奋斗的姿势，告诉自己“我今天心情不错；我今天精神饱满、斗志昂扬”。如果真遇上了生活琐事，积极暗示自己“我是个识大局的人；我能专心工作”等。

自我暗示的力量

一位女士曾经观看过一位著名催眠家的表演，对他非常佩服。有一天，这位女士和丈夫正在餐厅吃饭，碰巧看到那位著名的催眠师也走进餐厅，并朝女士身边的空座位走过来，这位女士心想：“看样子，他要坐到我对面了，就要给我催眠了。”于是，有趣的事情发生了，还没等到催眠师坐下来，女士居然很快就睡着了。

3. 寻求专业心理咨询

咨询是最常见的一种压力控制方式。当人们由于压力闷闷不乐时，一般都会主动找自己的好友或父母、家人进行倾诉，并且征求对方的意见。有时，倾诉本身就可以达到控制压力的目的，比较专业的咨询方式是心理咨询。正规的心理咨询公正、保密，且能无顾忌地为来访者提供指导与帮助。

然而人的生理状态左右人的心理状态。良好的生活方式会使人们保持充沛的精力和身体机能的平衡，为抗衡不良心理状态做好准备。所以，有规律的生活节奏能减轻身心压力。有规律的生活包括以下几个方面：

(1)有规律的起居。在非药物性的作用下，大脑活动在白天最为活跃，身体的免疫功能也最强；在夜晚，大脑则处于相对抑制状态，人体的免疫和代谢功能降低。偶尔过度的熬夜可能会很有效，可是长期不规律的生活，人体生物周期紊乱，由此产生睡眠障碍、疲倦、厌烦情绪，容易引起身心疲劳。

(2)合理的饮食。饮食是人类活动的能量来源。五谷杂粮都为人体所需。人体缺少哪些元素都会在身体上有所反映，在心理上有所表现。比如,由于钙质的缺乏,可能会使人得抑郁症。

(3)坚持锻炼。俗话说“生命在于运动”,经常进行锻炼,有助于消除疲劳,使自己在工作中始终保持良好的精神状态。可利用早晚时间,因人而异做一些适当的运动,如快走、慢跑等。运动时,人体毛孔的打开是静止时的10倍,十分有利于新陈代谢。

(4)杜绝不良嗜好。如过度吸烟喝酒,必然导致酒精和尼古丁对神经及内脏器官的损害。嗜好越大,对它们的依存度越高,长此以往,会给身体健康埋下极大隐患。

四、减缓压力的具体方法

(一)简单的瑜伽术练习

程序是:

(1)深呼吸,并尽量彻底地把气呼出——清空你的肺。

(2)闭上眼睛,花2min的时间做深呼吸练习,集中精力于你的呼吸,放松你的身体。

(3)端坐在椅子上,脊柱挺直,将双足平放在地板上,享受稳定的感觉。

(4)在吸气时,伸展你的双手,把它们放在你的面前(不要耸肩),用心真正感觉这次伸展。向一个方向旋转手腕,然后向回转,每次保持15s。

(5)当你的伸展业已达到最大限度的时候,将手指互锁,使你的手背面向你,并尽力向上伸展,享受这种感觉。轻柔地释放并打开双手和双肩。

(6)重复向上伸展,但这次轻柔地、以臀部为支点向左旋转躯干。呼气,重复以上动作,转向右边。重复这个动作3次。

(7)进行几次深呼吸作为结束。留心这次简短的瑜伽术练习所带来的积极益处和精力恢复。

(8)重返工作。

（二）多种放松训练法

放松训练的一般注意事项：

（1）做好放松训练前的准备工作。选择安静的场所，放松前要松开紧身衣服和妨碍练习的饰物等，减少外界刺激。

（2）形成一种舒适的姿势。使身体形成一种舒适姿势的基本要求是减少肌肉的支撑力。轻松地坐在一张单人沙发里，双臂和手平放在沙发扶手之上，双腿自然前伸，头与上身轻轻地靠在沙发后背上。

（3）整个放松过程中切忌吸烟、吃零食等多余动作。

（4）合理安排时间。最好每天2次，每次20～30min，最合适的是早晚各1次。

（5）务必做到持之以恒，坚持训练。

放松调节法的要点

首先要学会体会肌肉紧张时的感觉，收缩肌肉群（如握紧拳头），注意体会其感觉；再放松肌肉群（慢慢松开拳头），注意体会其感觉，再放松肌肉群，注意体会相反的感觉。

要逐步放松以下4组肌肉：①手、前臂、二头肌；②头、颈、肩，包括额、颊、鼻、眼、唇、舌、颈；③胸、腹、背；④臀、大腿、小腿、脚。每天练习1～2次，每次20min左右，每块肌肉收缩5～8s，然后放松20～30s，但这只是一个约计的时间，切不可由于过多注意计时而分散了自己的意念。

练习方法：在第一阶段，选择一个安静而不受干扰的地方，躺着或坐着均可，闭眼，练习时注意力从一块肌肉移向另一块肌肉，不要用意志努力。

（1）右手用力握拳，体会紧张感；放松，再体会放松感。重复。

（2）左手用力握拳，体会；放松，再体会。重复。

（3）弯曲右前臂，收缩二头肌；放松，体会。重复。

(4)弯曲左前臂,收缩二头肌;放松,体会。重复。

(5)锁眉,收缩前额肌肉;放松。重复。

(6)闭紧眼,放松。重复。咬紧牙,放松。重复。上下腭张紧,放松。舌头顶上腭,放松。重复。闭紧双唇,放松。重复。

(7)头尽量向后倒,颈部张紧,放松。下巴尽最抵住胸部,体验喉部与颈部的紧张感,放松。重复。

(8)耸肩,头尽量往下缩,放松。重复。

(9)深吸气,同时弓起背,屏住气保持紧张感;放松胸部,缓慢呼气。重复。

(10)收缩腹部肌肉,放松。重复。

(11)将臀部和大腿拉紧,放松。重复。

(12)绷紧脚尖,使小腿肌肉张紧,放松。重复。

(13)缓慢腹式深吸气,向腹部压气,使腹鼓起;缓慢呼气,使腹凹陷。

(14)重复呼吸 3 次,将注意力集中于整个呼吸过程(即"意守"),让松弛加深时的沉重感传遍全身,使全身都松弛。

(15)注意全身各部位肌肉,看是否还有仍然紧张的部位;如有的话,再通过意守呼吸的方式,将放松感引向紧张部位。

(16)恢复正常呼吸状态。

经过第一阶段 1 周左右的练习,能够达到全身松弛,便可进入第二阶段。第二阶段的放松时间要求缩短为 5 ~ 10min。第二阶段的训练也要选择一个安静的地方,坐或卧,闭目,运用将注意力集中于呼吸的技术:

(1)将注意集中于呼吸,深呼吸 3 次。

(2)将放松感引导到每一块肌群,顺序是:右手、左手、右前臂、左前臂、前额、上下腭、舌、唇、颈、双肩、胸、背、腹、臀、腿、足。

(3)注意全身各部位是否还存在紧张部分。

(4)在最后查看是否还有紧张部位时,继续将注意力集中于呼吸，同时想象每一组肌群都在放松。

在呼吸和放松的过程中，应使用一些具有启发性的提示语，如：我是松弛而且平静的；骨肉松弛柔软了；让紧张感消融。

第一和第二阶段的练习熟练后，即可进入放松的第三阶段。这一阶段要锻炼自己通过运用集中注意力的技能，在并不安静的环境下，无须坐、卧或闭目，也能诱导达到放松、排除紧张的效果，而且要尽可能缩短达到放松的时间，最好在1min内完成。

（三）及时摆脱心理压力的方法

（1）哭泣法。当感到压抑悲伤时，不要强行控制自己的情绪，应任由情绪发泄。可以采取自然的哭泣法，发泄自己的不良情绪，在僻静处放声大哭。哭并不可耻，流泪可使悲哀的感情发泄，也是减轻体内压力的一种方法。

（2）运动法。当感到紧张或愤怒时，不妨到运动场去跑步、打球或进行其他活动，通过释放身体的能量来放松自己。在愤怒时运动量应大些，活动可以剧烈一些。而只是情绪紧张时，运动应轻缓适度。

（3）转移法。当情绪不好的时候换个环境，转移注意力，避免类似情景的刺激，情绪可能会好一些。如心情压抑时，做一些其他轻松的、自己感兴趣的事。

（4）交谈法。通过写信给亲戚朋友、家长、老师、同学，交谈倾诉自己的感受、烦恼和不快，有助于情绪的好转。也可以写日记，自己和自己交谈倾诉。

（5）发泄法。当我们感到很气愤的时候，可以选择一个合适的地方把自己的愤怒发泄出来，而不要强行压抑自己，以免造成更大的伤害。如去发泄室，打沙袋，打稻草人，拍打被子来发泄内心的愤怒。

（6）喊叫法。当自己不开心的时候，可以通过喊叫将自己内心郁积的情绪发泄出来。比如在一个空洞的屋子面壁自语,或到树林中去,在河边、田野对着河流或对着一排大树高声喊叫,可以持续1~2周,使自己的情绪变得舒畅。

(7)呼吸法。在专门训练指导下有规律地进行一段时间,一定次数的腹式呼吸及放松,有助于消除紧张,缓解压力,使心情愉快。

(8)想象法。躺在草坪上眼望着蓝天白云;或坐在小河边,或某一安静的地方,通过呼吸法或肌肉松弛法使身体放松后,营造祥和安静的环境,然后轻轻闭上眼睛想象自己全身肌肉放松后的舒适感觉。在保持均匀缓慢呼吸的基础上,想象并感受呼吸平稳、心跳有力、四肢疏通的感觉,然后再继续想象并体会在一定的情景中自己想得到的快乐。愉悦放松的情绪出现后,再做些放松的动作,恢复正常状态,回到现实中来。这一方法确实能调整情绪,使实践者拥有良好感受。

(9)艺术疗法。如音乐疗法和色彩疗法。因人情绪不同选择不同的音乐和色彩环境,达到不同情绪应有的调适。轻松的音乐有助于缓解压力。如果你会弹钢琴、吉他或其他乐器,不妨以此来对付心绪不宁。

(10)倾诉法。一吐为快。假如你正为某事所困扰,千万不要闷在心里,把苦恼讲给你可信的、头脑冷静的人听,以取得解脱、支持和指正。

(11)开怀大笑法。健康的开怀大笑是消除压力的最好方法,也是一种愉快的发泄方法。“笑一笑,十年少”,忧愁和压力自然就和你无缘了。

(12)阅读法。阅读书报可以说是最简单、成本最低的解压方式,不仅有助于缓解压力,还可使人增加知识与乐趣。

(13)重新评价。如果真做错了事,要想到谁都有可能犯错误。若事与愿违,就应重新进行自我评价,才能不钻牛角尖,继续正常地工作。

(14)与人为善。遇事千万别怀恨于心(尽管自己是对的)。怀恨于心付出的代价是使自己的情绪紧张,用别人的错误惩罚自己。

(15)不要挑剔。不要对他人期望过高,应看到别人的优点,不应过于挑剔他人行为。世上没有十全十美,也不可能绝对公正,因而要告诉自己:我努力了,能好最好,好不了也不是自己的错。

(16)留有余地。不要企图处处争先,强求自己时刻都以完美形象出现,生活不需如此。你给别人留有余地,自己也往往更加从容。要学会说“不”。

(17)学会躲避。从一些不必要的、纷繁复杂的活动中,从一些人为制造的杂乱和疲劳中摆脱出来。在没有必要说话时最好保持沉默,听别人说话同样可以减轻心理压力。

(18)免当超人。不要总认为什么事都应做得很出色,应明白哪些事你可稳操胜券,然后集中精力于这些事。淡泊为怀,知足常乐,不但可减轻心理压力,还可避免“英年早逝”悲剧的发生。

(19)放慢节奏。当局面一团糟无法控制时,不妨放慢节奏,进行一次“冷处理”。

(20)做些让步。即使你完全正确,做些让步也不会降低你的身份。你这样做了,别人也会让步,结果免除了你精神上的压力。

(21)遇事沉着。沉着是一个人是否成熟的标志之一。沉着冷静地处理各种复杂问题,有助于舒缓紧张压力。

(22)逐一解决。紧张忙乱会使人一筹莫展,压力骤增。这时可对要处理的事务按轻重缓急排序,逐一解决问题。事先处理,一旦成功,其余的便迎刃而解。

(23)熄灭怒火。遇事切莫发火,学会克制自己,暂时熄灭怒火。待怒气平息后,有助于你更有把握地、理智地处理问题,多想“车到山前必有路”。

(24)做点好事。如你一直为自己的事苦恼,不妨帮助别人做点好事,这样可缓解你的烦恼,给你增添助人为乐的快意。

(25)眺望远方。一旦烦躁不安时,请睁大眼睛眺望远方,看看天边会有什么奇特的景象。既然昨天和以前的日子都过得去,那么今天和明天的日子也一定会安然度过。

(四)适度宣泄

人们在挫折面前因为激烈的情绪反应,会导致不理智的攻击行为,造成新的问题,或造成不和谐的人际关系。如果强压心里的悲愤,长时期地压抑自己的情绪会憋出病来,造成不良后果。因此,只有把紧张的情绪释放出来,才能使心理达到平衡。排除不良情绪的方法很多,可以找亲朋好友或通情达理的人,把自己的苦衷、怨恨尽情倾诉出来,以求得他们的开导和安慰,或开展谈心活动,用批评和自我批评的方法使问题得到解决,使紧张情绪得到缓解。当实在无法消除自己的悲伤和痛苦时,不妨痛哭一场或进行剧烈的体力活动,使心理负担和精神压力得以释放,心里也会感到轻松许多。

(五)运用自我暗示,提升自我概念

第二次世界大战期间有个非常著名的实验,实验者是一名军医,而实验对象则是一个即将被处死的俘虏。军医将俘虏的双眼蒙住,绑在一张床上,并插上一根导管,在床侧放一个盆,然后告诉俘虏说:"我们将放你的血,直到你流尽最后一滴血为止。"不一会儿,俘虏就听到液体滴落在盆里的声音:滴嗒、滴嗒……一个小时过去了,两个小时过去了……俘虏镇定的心开始慌乱起来。后来神志就不怎么清醒了,并渐渐失去知觉……两天后,那个军医再观察俘虏时,发现他已经死了。其实,大家都猜到了,军医并没有放俘虏的血,那根导管的另一端是封闭的,那种液体滴在盆里的滴嗒声,是由一个底部有孔的容器装水后,其滴落在盆中发出的。俘虏的死因乃在于其求生的欲望通过军医的暗示并以为是血滴在盆中的持续不断的滴嗒声消磨殆尽。

暗示的作用对人的心理活动和行为的影响是很显著的。比如，中国古代成语中所描述的“草木皆兵”“杯弓蛇影”等，都是暗示作用。如果医生对一位心脏正常的受检者说：“心脏听来有点杂音。”其实仅仅只有轻微的收缩杂音并不算什么问题，但医生这一句话，却可能给受检者带来很大的精神负担。通过暗示作用，他就可能出现心跳、气短等等症状，从而得一种“心脏神经官能症”。自我暗示法缓解压力和调整情绪，主要也是通过语言的暗示作用。比如，发怒时，提醒自己“不要发怒”、“发怒会把事情办坏”；忧愁时，提醒自己“不要伤心”；当有比较大的内心冲突和烦恼时，安慰自己“一切都会过去”“已经度过许多难关，这次也一定能顺利度过”，等等。

工作一堆乱麻应该时刻想到：“我能胜任！”或者“我可能会失败，但是失败是成功之母！只要坚持下去，一定会成功！”不论遇到什么样的阻力，要保持自信的精神状态，自我暗示法一般是用不出声的内部语言默念进行，但也可以通过自言自语，甚至在无人处大声对自己呼吁的方式来加强效果，还可以将提示语写在日记本、条幅上，贴在墙或床头上，以便经常鞭策自己。

自测心理调节能力

指导语：请仔细阅读下面8条文字，根据自己的实际情况选择适合的选项，并在选项上打“√”。

(1)设想你正好赶上一场严重的伤亡事故，一些人正围拢过来，下面哪个行为模式最适合你要采取的行动？

A. 尽快地离开现场，对流血的尸体感到恶心

B. 在围观者中恐惧地看着这场面

C. 尽管没有受到急救训练，但尽自己的力量去帮助事故中的受伤者

D. 因为受过急救训练，立刻自愿投入抢救行列之中

E. 立刻查问谁有急救站、消防队或警察局的电话号码

(2)你在下列的情况发生时是如何的不安("特别严重"、"严重"、"稍微"、"一点也不")?

A. 你的狗,忠实的伴侣,因年老而死亡

B. 三个星期前做的假日计划推迟了3个月

C. 你的双亲之一突然去世

D. 你听说霍乱在非洲蔓延已造成数千人死亡

E. 在你和家人准备乘飞机出去前一天听到一次空难事故报道,有几百人遇难

F. 某个朋友弄丢了你借给他的你最喜欢的一本书

G. 交通阻塞耽误了你重要的约会

H. 你不小心打碎了一筐鸡蛋

I. 你听说食油价钱马上上涨10%

J. 市政府宣布要检查拖欠交纳所得税者

(3)你已经邀请了你的老板和他的夫人某天到你家做客。但在晚宴的前一天,你突然意识到你房间装饰不可举行这样的晚宴,你将采取下面哪项对策?

A. 打电话给这个老板,装病以拖延这个晚宴

B. 整个晚上装饰房间,使晚宴按计划进行

C. 按时举行晚宴,并对房间的装饰抱歉

D. 把不适合的地方遮盖起来,将灯光调暗,使不协调的装饰不引人注意

E. 把晚宴改在附近的饭馆里

(4)你和你的朋友开车发生了撞车事故,下面哪条是你要做的第一件事?

A. 下车去看另一个车里的人怎样

B. 解开你朋友的安全带

C. 坐着镇静一会儿以恢复大脑

D. 关闭发动机

E. 立刻环顾周围,害怕第三辆车也撞上

(5)你在遇到下述情况时是如何的不安("特别严重"、"严重"、"稍微严重"、"一点也不")?

A. 半夜之后邻居孩子的哭声扰得你睡不着觉

B. 你听说整个交通因某种原因要中断

C. 你孩子的宠物小猫被汽车撞死了

D. 你的银行通知单来了,实际情况比你预想的要恶劣得多

E. 你的假期照片全作废,因为你忘记将镜头盖取下

F. 你花了很多钱装饰房间,而事后你一点不喜欢

G. 你要欣赏一个你喜欢的节目,而此时电视机坏了

H. 你听说最近的太空实验失败了,3 个宇航员遇难

I. 通常在你的生日时,你会收到一大笔钱,而今年因经济原因,你得到的钱很少

J. 你的一个孩子因偷窃被警察拘留

(6)你的刚搬来一年的邻居第一次举行晚会,一直闹到接近天亮,下面哪条最接近你要采取的行动?

A. 给居委会打电话抱怨噪声

B. 打电话给邻居,非常有礼貌地要求他们把声音弄小点

C. 用被子盖住头,强迫自己入睡

D. 打电话警告邻居如果他们继续这样,就叫警察

E. 起床,敲门要求加入舞会

F. 自己计划一个晚会以进行报复

(7)你花很多钱买的一台收录机很快就坏了。下面哪条最接近你要采取的行动?

A. 写封措辞强硬的信给制造商

B. 将收录机抱回商店,要求退货

C. 自己修理

D. 抱怨不断，可不知采取什么行动

E. 要求商家以同样价钱换一台收录机

F. 写一封有礼貌的信给制造商，要求厂家换一台好的收录机

(8) 用“是”或“不是”回答下列问题：

A. 你是否在争吵中失手打过别人

B. 你是否因家庭的某种状况而担心过

C. 如果某人想向你借钱，你是否愿意

D. 如果另一方赢得了选举，你是否很恼火

E. 如果在体育比赛中失利，你是否爱生气

F. 你是否相信某些人很走运

G. 你是否有时因问题成堆而心情不畅

H. 在财政方面做出决定能否使你破产

I. 你是否发现要改变你做事的方法是比较困难的

J. 你是否很好地遵守时间

评分与解释：

第一题记 A 得 1 分，B 得 1 分，C 得 2 分，D 得 0 分，E 得 0 分。

第二题各小题对应的分数如下：

	特别严重	严重	稍微	一点也不
A	2	0	0	2
B	1	1	0	0
C	0	0	1	2
D	0	0	0	0
E	2	1	0	0
F	2	1	0	0
G	2	0	0	1
H	2	1	0	0
I	2	1	0	0
J	0	0	0	0

第三题记A得2分, B得2分,C得0分, D得0分,E得1分。

第四题记A得2分, B得2分,C得2分, D得0分,E得2分。

第五题各小题对应的分数如下:

	特别严重	严重	稍微	一点也不
A	2	1	0	0
B	0	0	0	0
C	2	0	0	1
D	2	1	0	1
E	2	1	0	0
F	1	0	0	1
G	2	1	0	0
H	0	0	0	0
I	2	1	0	0
J	0	0	1	2

第六题记A得2分, B得0分,C得2分, D得2分,E得0分,F得2分。

第七题记A得2分, B得0分,C得1分, D得2分,E得2分,F得0分。

第八题对应是否的得分如下:

	是	否		是	否
A	2	0	F	2	0
B	2	0	G	1	0
C	0	1	H	1	0
D	0	0	I	1	0
E	1	0	J	0	1

计算你的得分:

0 ~10 分——充满自信,适应力强,能够很好地处理生活中的问题。

11 ~15 分——生活中有时会遇到令你不知所措的事情,不过一般情况下都可以较好地处理。

16 ~25 分——缺少应有的自信,面临生活中的危机会采取退缩行为,心理调节能力偏低。

26 ~35 分——易于焦虑不安,情绪极不稳定。应采取一定的措施自我调整或求助于心理医生。

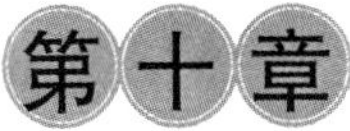

第十章

潜水员的心理选拔

潜水员是一个特殊的职业。在潜水作业时潜水员不仅要承受高气压所带来的生理影响，而且还要克服并应对复杂的水下或在密闭压力环境下所产生的各种不良心理反应。特别是在进行大深度混合气潜水或饱和潜水的过程中，潜水员将较长时间暴露、停留、生活在高压、狭小、幽闭的加压舱或饱和居住舱内，不仅会导致潜水员的感知觉和心理稳定性减低，而且还会使潜水员水下技能的发挥及适度表达紧张情绪的能力下降。随着救捞技术的不断发展，潜水设备和装具的性能日趋完善，各项潜水医学的保障措施也日趋成熟，但潜水意外和事故仍然时有发生。同时，虽然目前对潜水员身体健康方面的选拔要求越来越严，但潜水员在潜水作业中的自我淘汰率仍处于较高水平，究其原因，这与潜水员的心理素质存在很大关系。由于潜水作业是在一种特殊环境下进行的，在一定程度上属于高风险系数的生产活动，这就需要潜水员不仅拥有强健的身体，还要具备适应水下和高气压环境的某些心理素质。特别是在潜水作业正迈向大深度、多种类、高难度作业的背景下，对潜水员的心理素质提出了更高的要求。

第一节 潜水员心理选拔的意义和原则

一、潜水员心理选拔的意义

潜水员心理选拔就是根据潜水活动的特殊需要，运用心理学的原理和方法,对报考潜水员的候选者进行心理素质的检测与评定,录取心理素质适宜于潜水职业的候选者,淘汰心理素质不适宜的候选者的过程。

潜水员的工作环境是一个不同于陆地的特殊环境,潜水员需要独立地执行水下打捞、海难救助、水下工程等任务,需要随时应对水下复杂环境的变化和作业过程中的突发情况。饱和潜水作业期间,潜水员还要适应船舶上高压氧舱内的特殊生活环境,如居住舱室狭隘、活动范围小、封闭、隔离、与外界交流受限、生活单调乏味等等。高压环境下,人的嗅觉、味觉、听觉等生理功能下降,由于潜水员经常处于应激状态,容易产生烦躁、焦虑、抑郁等心理问题,致使工作效率降低,甚至还会影响安全作业。因此,招收潜水员时进行心理选拔对建设高质量、高素质的潜水员队伍有其重要的意义。

首先,进行心理选拔有助于潜水员更好地胜任潜水职业,实现人、职匹配。

事实证明,不是任何人都能胜任任何职业的,也不是任何人接受某种培训就能达到一定的职业要求的。对人和对工作活动本身而言,都存在一个"职业适应性"问题。从心理适应性角度看,前者,是指个人的心理能力和个性品质对于相应职业活动要求的适应程度;对后者,则是指某一类型的职业活动的特点对人的心理能力和个性品质发展水平的要求。只有两者达到统一,使人适其职、职得其人,才既有利于就职者的自我发展,又有利于职业活动效率的提高。

其次是有利于完善企业对职业潜水员的管理,为潜水员选拔提供科学的心理学依据和操作规范。使得选拔出来的潜水员具备从事潜水职业应有的心理能力特征和个性品质特征,以从源头上减少由于人为因素带来的安全隐患。

国内外已有大量文献报道表明,职业适应性选拔,以及对在职人员进行岗位胜任力评价，已在企业人力资源管理中发挥了积极的作用，对企业内部实现人、职匹配，提高就职者岗位胜任力，充分发挥潜能，具有重要的实际意义，也是保障安全生产的有效措施。

二、潜水员心理选拔的原则

1. 科学性原则

运用心理学理论和技术，根据潜水职业的特殊性和对潜水员心理素质的要求进行整体思考，科学设计，确定心理测量和评价的内容、指标和方法，建立一套科学的潜水员心理选拔综合测评体系。

2. 整体性原则

职业选拔也即职业适应性选拔，它是一个由诸方面因素组成的综合性测评体系。心理选拔则是综合测评系统中的一个方面。潜水员心理选拔是职业潜水员选拔的重要组成部分，它是从心理学角度来测评求职者的心理能力和个性品质，测评结果反映了求职者的心理素质水平与潜水职业要求的匹配度，是职业潜水员选拔的重要参考依据。

3. 发展性原则

需用发展变化的观点去研究、探讨和完善潜水员心理选拔问题。一方面，随着心理科学理论和技术的不断发展，对心理测试的手段和方法作相应的调整和改进，使得测试更加科学、方便、有效；另一方面，随着潜水作业内容、技术和类型的发展变化，如大深度饱和潜水作业，就需要从职业潜水员的基本心理素质和特殊心理素质来要求，不断完善潜水员心理检测指标和评价方法，以适应潜水职业发展的新要求。

4. 实践性原则

潜水员心理选拔内容的依据是潜水职业对潜水员心理素质的要求，它是以潜水实践活动要求为基础的，通过建立科学的潜水职业人才测评机制，选拔潜水职业的适用人才，有利于更好地为潜水实践活动服务。

视　窗

我国不但是一个潜水大国，也是一个潜水古国。早在上古时代的《尚书》中就记载了公元前2100年夏禹时代的潜水活动，比起古罗马文献记载的公元前400年的潜水活动还要早1700年。随着科学技术的发展，从原始的屏气潜水，发展到通气式装具潜水、潜水钟潜水，以及现代化的饱和潜水。潜水员也按不同需要分为空气潜水员、混合气潜水员和饱和潜水员等。对潜水员的选拔和培训也有了专门的机构和规则。

但值得我们注意的是，由于历史原因，我国的潜水人员培训、设备和技术开发比西方国家要落后十数年，甚至比某些发展中国家也有一定的距离。目前，美国海军实验室最新饱和潜水记录已达到723m，法国在海上油田海底气管的维修项目中创造了饱和潜水655.75m的世界纪录。2010年9月6日，随着4名海军潜水员走出饱和潜水高压实验舱，一项亚洲模拟饱和潜水实验深度新纪录由此诞生——493m模拟巡潜深度、480m氦氧饱和模拟潜水实验的成功，使我国成为世界上第9个掌握突破400m深度、潜水员直接暴露在高压环境下作业技术的国家。2014年1月12日，交通运输部上海打捞局6名饱和潜水员在南中国海海域成功跨越，完成出钟巡回潜水作业，潜水作业深度达到313.5m，标志着我国海上大深度饱和潜水作业能力实现了历史性的突破，深潜水作业能力进入了国际先进行列。2015年1月，我国海军在某海域成功完成饱和潜水系统320m饱和潜水和330.2m巡潜试验，再创全国新纪录。

第二节　潜水员心理选拔的内容与指标

一、职业适应性

所谓职业适应性是指一个人从事某项工作时必须具备的生

理、心理素质特征。职业适应性包括一般职业适应性（即从事一般职业所需的基本生理、心理素质特征）和特殊职业适应性（即从事某一特定职业所需具备的特殊生理、心理素质特征）两方面。从心理学方面来说，职业适应性就是运用心理学基本理论，分析某职业特点，对就业者岗位胜任力在心理素质特质方面的要求。简单来说，是指就业者能够基本具备从事某一职业对心理素质的要求，能够完成相应的职业活动的任务。因此，职业适应性是我们进行职业心理选拔的依据或基础。

职业适应性的研究距今已有 80 多年历史。自 20 世纪 30 年代起，美国劳工部就业保险局就组织相关专家对 2 万个企业中的 7.5 万个岗位进行了为期 10 年的专门调查研究，确定了 20 个职业模式和 10 种能力倾向，由此形成了很有影响力的“一般能力倾向成套测验（GATB）”。1947 年 GATB 被美国劳工局人力资源部正式采用，并在以后的研究中日趋完善。这套测验被称为是对职业咨询和职业指导最有效的测验。此后，GATB 系统在世界上被许多国家推广使用，如日本、澳大利亚和加拿大等国，并根据本国情况作了修订，收到良好的效果。

在我国从 20 世纪 90 年代起，金会庆、戴忠恒等人分别应用日本 1983 年 GATB 修正版，开展了一般职业适应性的研究，并制订了 GATB 的地区和中国常模，为 GATB 在我国的使用提供了经验与依据。

特殊职业适应性研究起始于 20 世纪初，尤其是第一次世界大战期间，对飞行员选拔的需要促进了飞行员职业适应性的研究。之后又相继开展了宇航员、驾驶员、医生和音乐家等特殊职业适应性方面的研究。从 20 世纪 60 年代起，在工业领域，国外开始了对焊接工、电工、起重工、司炉工等特种作业人员的职业适应性的研究。

我国从 20 世纪 80 年代开始，在飞行员、宇航员、驾驶员、潜水员等特殊职业适应性方面开展了系统的研究。同时，对起重机械作业、锅炉司炉、压力容器操作、金属焊接(气割)作业、电工作业等特种作业人员的职业适应性也进行了相应的研究,提出了各特殊职业的适应性要求,以及检测的指标体系,为特殊职业人员选拔提供了科学依据。

随着我国改革开放和经济的发展,单位用人制度和用人策略发生了很大的变化,对人才的职业能力测评与咨询已成为单位人力资源管理的重要方式。近年来,人才素质测评服务在各地的人才市场、劳动力市场也得到了广泛的开展。

二、潜水职业适应性

潜水职业适应性是指潜水员从事潜水活动必须具备的生理素质和心理素质的总和。也就是求职者的生理、心理素质是否适应从事潜水活动的要求。潜水职业适应性良好的人,未来成为优秀职业潜水员的可能性大,而潜水职业适应性差的人,则未来难以胜任潜水职业,不适宜从事潜水活动。因此,研究潜水职业适应性不仅在潜水员选拔、培训、管理中,而且对潜水作业安全保障都有着极为重要的意义。

三、潜水员心理选拔的内容

潜水员心理选拔也即潜水员潜水职业心理适应性检测,是潜水职业适应性检测的重要组成部分。潜水员心理选拔是运用心理学理论和技术,对求职者进行潜水职业适应性检测,目的是筛除职业不适宜者,以加强潜水员队伍的素质建设。

根据潜水环境和潜水活动的特殊性,对潜水员心理素质的要求主要是考察其认知能力和个性特征两个方面。因此,潜水员心理选拔的内容主要是求职者个体的心理品质及发展水平。潜水员心理品质包括个性品质和认知品质。

1. 潜水员的个性品质

潜水职业的特殊性,要求潜水员不仅要有健康的体格,还要具备适应水下高压环境，胜任水下作业的能力和个性。已有资料表明，潜水事故中有相当大部分原因是潜水员心理素质不良，决策犹豫、判断不准、处置不当等因素造成的。许多调查结果证实，个性对个体职业的选择及之后的职业适应性具有重要的作用。一个人的个性会影响到职业的适应性，当从事的职业与其个性相吻合时，就可能较好地发挥自身的潜能，取得良好的业绩。

哪些个性特征能更好地反映潜水员个性品质呢？南通大学航海医学研究所、第二军医大学、上海打捞局曾分别对民用职业潜水员和军队潜水员的个性品质特点进行了调查与分析，采用卡特尔16种人格特质量表（16PF）针对我国职业潜水员进行抽样并团体施测，并将抽样结果与常模进行了比较。结果表明，与常模人群相比，职业潜水员具有乐群性、稳定性、有恒性、敢为性、自律性较高，而聪慧性、敏感性、怀疑性、世故性、实验性、独立性和紧张性偏低的个性特征。

研究结果同时也表明，潜水员的个性特征与其工作特点及要求具有一致性。潜水作业时，特别是在大深度饱和潜水过程中，要求潜水员相互配合，团队合作，因此，信赖随和的低怀疑性这一个性品质有利于潜水员之间建立良好的信任感。另外，潜水工作环境比较恶劣，水下环境变化复杂，工作负荷较大，风险系数较高，这一工作特点对潜水员的责任意识提出了较高的要求，潜水员必须具备坚韧、有恒、稳定、敢为的个性品质，才能更好地胜任艰苦的潜水工作。

将潜水员与同为艰苦职业的海员相比较，这两类群体在反映人格特质的绝大部分因子上无显著差异，这从某种程度上说明潜水员和海员同为特殊职业群体。但是，潜水员水下作业环境的复杂性和艰巨性要高于海员，因此在某些个性因子上相比海员有更高的要求，表现为高稳定性、低兴奋性、低敏感性、较强的适应能力、高专业成就能力、高创造性等个性特征，这些个性特征将有助于潜水员更好地胜任复杂的水下作业。可以说，正是在遗传因素和环境因素的共同作用下，形成了潜水员独特的人格特质。而这种人格特质反过来又会影响潜水员的工作业绩和作业安全。因此，潜水员与常模的这种人格差异，就可以被看作是潜水职业所需的特殊人性特征，也即潜水员应具备的个性品质。

2. 潜水员的认知品质

潜水员在水下作业时不仅要承受高压所带来的生理影响，而且还要克服并应对复杂的水下高压环境所引起的各种不良心理反应。现代潜水医学研究表明，在水下高压环境下，人的情绪、认知和心理运动能力都会发生不同程度的变化。因此，除了健康的体格，潜水员还需有能胜任水下高压环境下作业的认知能力，即认知品质。

所谓认知能力，传统心理学的观点认为认知能力是包括注意、感知、记忆、思维、想象等能力的总和。现代信息论的观点认为，认知能力是指对信息的接收、加工、储存和应用的能力。简而言之，就是人们认识世界、改造世界的基本能力，是人们顺利完成实践活动必备的认知能力。在国内外的许多单位招聘人才时，常常通过考察求职者的认知品质来进行甄选。不同性质的工作所需要的认知能力是不同的，潜水作为一种特殊的职业，则需要潜水员具备特有的认知能力。

陶恒沂、刘志宏等人(2003)对我国军队潜水员的心理素质及其与专业水平的关系进行了调研。研究结果表明，潜水员的认知品质突出表现在智力(智力、图形数字编码能力、空间记忆广度)、知觉(场依存性、立体视觉)、注意力和心理运动能力(视觉反应时、动作记忆、动作稳定)四个方面。其中潜水员的空间记忆广度、动作稳定性和注意分配与专业水平显著相关。

2007 年，南通大学航海医学研究所王华容、戴家隽等人对职业潜水员的认知品质进行了调查与分析，他们选取民用职业潜水员作为研究对象,并以普通人群、海员和潜水学员为对照,来探寻潜水职业所需要具备的特定认知品质。根据研究结果、专家调查访谈,将潜水员认知品质内容基本确定为四个方面十二项指标,即感知觉品质(包括暗适应、空间知觉、场独立性、深度知觉),聪慧品质(包括神经活动类型、智力、记忆广度),认知—运动品质(包括记忆广度、动觉记忆、动作稳定),注意品质(包括注意分配、注意集中)。这与陶恒沂、刘志宏等人的研究结果基本一致。

将潜水员与普通人群认知品质进行比较,结果表明潜水员在暗适应、深度知觉、空间知觉、场独立性、注意集中方面的成绩明显优于普通人群。与同是艰苦职业的海员相比,十二项认知品质指标中,潜水员在神经活动类型、暗适应、深度知觉、空间知觉、动觉记忆、记忆广度、场独立性七项指标上明显好于海员。由此可见,与普通人群、海员相比,潜水员具有独特的认知品质,这是由潜水职业的特殊性所决定的。

另外,南通大学航海医学研究所在潜水员心理品质与业绩水平相关性研究中发现,潜水员个性品质中的怀疑性、幻想性、世故性、创造性人格因子、新环境成长能力人格因子,认知品质中的神经活动类型、场独立性、暗适应、动作稳定、空间知觉、选择反应时、注意分配、注意集中等心理品质与业绩水平的相关达到显著水平。个性品质中的有恒性、怀疑性、创造性人格、新环境中成长能力人格及认知品质中的神经活动类型、注意集中、注意分配、暗适应等心理品质对职业潜水员的业绩水平具有预测作用。

从上述可以看到,潜水员心理品质与其工作特点及要求存在一致性。潜水工作是一个高压力、高难度、高风险的艰苦职业,需要潜水员具备坚韧有恒、敢为的个性品质;潜水作业既是团队合作过程,又是潜水员独力操作的过程,因此,需要潜水员具有乐群性、信赖随和的低怀疑性的个性特征和场独立的认知品质,特别是在紧急时刻,要求潜水员必须具备果断判断和决策、创造性地解决问题的能力。潜水员神经活动的稳定性及灵活性，良好的注意品质，也是有利于顺利、安全完成水下操作的重要认知品质。另外，在潜水作业时，水下能见度低，潜水员还需具有良好的暗适应能力、空间记忆和空间知觉能力。

诸多资料表明，潜水员的心理品质与普通人群相比有其明显的特征，与潜水职业适应、岗位胜任力、安全作业具有密切的相关性，是潜水员职业选拔的重要内容。

四、潜水员心理选拔的指标

根据职业潜水员心理选拔的内容，可将心理测试指标分为五个方面十三项指标。

1. 个性品质

个性品质是个体在行为上的倾向，它表现为个体适应环境时在能力、情绪、需要、动机、兴趣、态度、价值观、气质、性格和体质等方面的整合，是具有动力一致性和连续性的我，是个体在社会化过程中形成的给人以特色的心身组织，具有一定的稳定性。潜水员的个性品质以人格特质检测为指标，判断求职者个性特征与潜水职业特殊性要求的适宜性。

2. 感知品质

即个体对感觉刺激、知觉对感官刺激赋予意义进行认知的水平，取决于感官对刺激的敏感程度，而且经验和知觉决定对刺激的判断。对潜水员来说，主要包括暗适应、深度知觉、空间知觉、场独立等认知品质方面的指标。

3. 聪慧品质

反映个体对事物迅速、灵活、正确理解的能力和处理解决问题的能力，具有良好的观察、注意、感知、记忆、想象、思维等能力。对潜水员来说，主要包括神经活动类型、智力、记忆广度等认知品质指标。

4. 注意品质

指潜水员在潜水作业过程中,心理活动有选择地指向和保持集中于一定的潜水活动的能力,包括注意集中和注意分配能力等指标。

5. 认知—运动品质

主要是指一个人在肌肉收缩和运动活动中所表现出的认知方面的特征,对潜水员来说,主要包括动觉记忆、动作稳定和反应时等指标。

第三节 潜水员心理选拔的方法与评价

一、潜水员心理选拔指标的测量方法

常用的检测方法有以下几种。

(1)人格的检测。对潜水员人格的检测,常用的方法是采用卡特尔16种人格特质量表(简称16PF)或《艾森克人格问卷》(简称EPQ)中文版,团体实测。16PF包括乐群性、智慧性、稳定性、恃强性、兴奋性、有恒性、敢为、敏感性、怀疑性、幻想性、世故性、忧虑性、实验性、独立性、自律性、紧张性16个相对独立的人格维度,量表还可推算出次级人格因素和应用因素各4种,即适应—焦虑、内向—外向、感情用事—安详机警和怯懦—果断,以及心理健康因素、专业成就因素、创造能力因素和新环境中成长能力因素。通过16PF检测可以了解应试者的人格特质,以及在环境适应、专业成就和心理健康等方面的表现。EPQ主要用于测量潜水员在精神质(P)、神经质(N)、内—外向(E)三个人格维度上的特征,能检测潜水员的内外向程度、情绪稳定性等方面的特征。

(2)智力检测。用以检测被试人一般智力水平。采用瑞文标准推理测验(中国城市版成年组),团体测验。整套测验60题,答

对一题得1分,答错不得分,满分60分。根据常模把总分换算成百分等级。

(3)神经活动类型检测。用以测试被试人神经活动的机能(灵活性、反应速度和准确性)。采用王文英、张卿华编制的《80.8神经类型测试表》,团体测验,算出分数。

(4)复杂反应判断检测。用于测定被试人视觉选择反应的快慢和正确性,以此了解求职者遇事能否迅速做出正确判断、选择和及时处置问题的能力。检测采用复杂反应时测定仪,选择测试次数20,记录红、绿、黄、蓝四种颜色光的平均反应时间(s)。

(5)动觉记忆检测。主要检测被试人的动觉感受性。采用动觉记忆辨别仪,选择30°、70°、90°三个度数,每个度数练习3次,测验3次,记录误差,算出误差平均值。

(6)暗适应检测。主要检测被试人进入黑暗环境后对视力下降的恢复能力。检测采用暗适应测试仪,用试动性眼震波的出现来正确判断暗适应的时间。测试2次,统计每个被试对数字板的识别程度,以最低值为准,转换成相对应的视力值。

(7)深度知觉检测。测试被试人对物体远近的估计能力。采用深度知觉测试仪,测验8次,记录误差,算出误差平均值。

(8)空间知觉检测。用于测定被试人对空间知觉特征及分辨能力。采用空间知觉测试仪,测验8次,记录被试人对不同图形的操作反应时和应答情况,算出答对次数。

(9)注意集中能力检测。该检测主要反应被试人心理活动有选择地指向和保持集中于某一事物的能力。检测采用注意力集中测试仪。设置转速为20r/min,定时为20s,按照圆形、六边形、三角形顺序,每个图形板先练习1次,然后正式施测,记录在靶时间和错误次数,算出3种图形在靶平均时间(s)。

(10)注意分配检测。主要是测试被试人根据任务要求,有目的地同时把注意指向不同对象的能力。检测采用注意分配测试仪，同时进行两项工作的注意分配状况测试。分别记录光以及高、中、低三种声音的正确反应时间、正确次数和错误次，算出注意分配 Q 值。

(11)场独立性检测。测定个体场依存性或者场独立性，是指被试人在认知和行为中受客观环境的影响，而做出主体性倾向的程度，主要研究个体认知风格差异。检测采用棒框仪，测验 8 次，记录被试人读出误差，算出误差的平均值。

(12)动作稳定性检测。测定被试人手的动作稳定程度。采用动作稳定测试仪，测验 2 次，记录出错次数。

(13)记忆广度检测。测定被试人数字记忆广度。采用记忆广度测试仪，记录被试的得分。

二、职业潜水员心理选拔的评价标准

目前，我国职业潜水员的心理选拔和评价标准是由交通运输部救助打捞局、中国人民解放军第二军医大学、南通大学和交通运输部上海打捞局共同研究编制的《职业潜水员心理选拔方法和评价》。此书作为中华人民共和国国家标准(GB/T 24557—2009)已于 2009 年 10 月 30 日，经由中华人民共和国国家质量监督检验检疫总局和中国国家标准化管理委员会批准发布，并在 2010 年 3 月 1 日正式实施。

职业潜水员心理选拔方法和评价主要内容如下。

1. 适用范围

(1)此标准规定了男性职业潜水员心理选拔的方法和评价标准。

(2)此标准适用于年龄 18 周岁及以上男性职业潜水员的选拔和评价。

2. 心理测验项目

(1)瑞文标准推理测验(SPM)：测量智力。

(2)卡特尔 16 种个性因素问卷：测量个性。

(3)视觉反应时测验,包括简单视觉反应时和选择视觉反应时。

(4)动觉记忆测验,测量动觉感受性。

(5)场独立性测验,测定场依存性或者场独立性。

心理测验按照SPM、16PF、视觉反应时、动觉记忆和场独立性的顺序进行。

3.评价标准与实施方法

1)评价标准

潜水员心理测试指标共分为11项,每一项均有客观的评价标准,并分为3个评价等级。评价指标及标准见表10-1。

职业潜水员心理选拔的评价指标 表10-1

项目	评价等级		
	3	2	1
瑞文标准推理测(分)	≥35	≥45	≥50
敢为性(分)	≥4	≥5	≥6
独立性(分)	≥2	≥4	≥6
兴奋性(分)	≥4	≥6	≥8
有恒性(分)	≥4	≥5	≥7
怯懦—果断(分)	3	≥5	≥7
创造能力(分)	≥70	≥85	≥100
简单视觉反应(s)	≤0.30	≤0.25	≤0.20
选择视觉反应时(s)	≤0.60	≤0.50	≤0.40
动觉记忆(°)	≤12.0	≤7.0	≤3.0
场依存性(°)	≤3.0	≤2.0	≤1.0

注:①该表见GB/T 24557—2009。

②本标准由中华人民共和国交通运输部提出。

③本标准起草单位:交通运输部救助打捞局、中国人民解放军第二军医大学、交通运输部上海打捞局和江苏南通大学。

2)实施方法

(1)心理选拔实行逐项淘汰,被试的每项指标达到相应等级的评价标准即为合格。

(2)职业潜水员从业要求应达到评价等级3级;对潜水技术和潜水员心理素质要求较高的作业,宜提高评价等级。

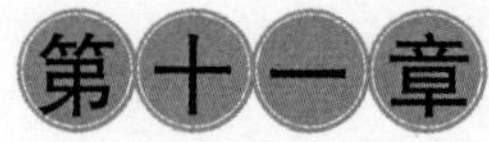

潜水员的心理训练

心理训练是指采用专门仪器、动作等心理学手段，对训练对象进行有意识的影响，使其心理状态发生变化，以达到最适宜的程度，满足提高作业成绩，增强身心健康需要的训练技术。心理训练最初只是运动心理学的一个专业名词，其目标就是通过对运动员的心理进行有意识的专门训练，使其发生变化以适应运动比赛的要求。其实人的心理和身体一样，都是可以训练的，随着心理学的发展壮大，人们意识到心理学的重要性，以增强心理素质为目的的心理训练愈来愈成为人们关心的热点问题，逐渐成为应用心理学界的重要研究领域。美国、英国、加拿大、日本等经济发达国家还建立了专门的心理训练基地，配备了专业器材，在增强人们身心健康和优化个体职业心理品质方面取得了显著效果，并在军事、医学、体育、警务、教育、航空、航海等许多领域得到普遍推广。我国心理训练的研究起步较晚，还没有形成系统、成熟、完善的理论和方法，但在军人心理训练和运动员心理训练方面已取得了一些成绩，积累了一定的经验。

对于潜水员来说，心理素质是制约潜水绩效的一个极为重要的因素，良好的感知能力、记忆能力、思维能力，积极的情感，顽强的意志等都是一个优秀潜水员需要具备的素质，这些心理素质可以通过训练的方式来实现。

第一节　心理训练的目的与原则

一、为什么要进行心理训练

1. 潜水员工作环境的要求

茫茫大海中，潜水员要深入水下几十米甚至几百米进行作业。由于水下阻力大，潜水员在水下作业时要比在陆地上完成同样的工作多消耗几倍甚至十几倍的体力。此外，工作环境潮湿、寒冷、黑暗、水流、通信困难、孤独等不良因素的共同作用加大了潜水作业的难度，潜水员除了必须熟练掌握潜水技能、练就强健体魄外，还需要有过硬的心理素质，以应对随时可能出现的危险，如面对凶猛的鲨鱼、章鱼等海生物及暗流等不可预测的水下危险时，潜水员应沉着应对、果敢处置。潜水事故中有相当一部分是由于潜水员心理素质不佳造成的，如在水流比较急的情况下，潜水员由于过度紧张害怕而放漂，过度关紧了腰间调节阀而导致缺氧窒息。可见，良好的心理素质对潜水作业非常重要，某种程度上可减少潜水事故的发生。

2. 潜水员心理素质制约潜水作业绩效

潜水员的心理素质是制约潜水作业绩效的一个极为重要的因素，良好的感知能力、记忆能力、思维能力，积极的情感，顽强的意志等都是一个优秀的潜水员需要具备的素质，这些心理素质可以通过训练的方式来实现。因此，开展心理训练是提高潜水员心理素质的必然要求。我国大多数职业潜水员对心理知识比较陌生，更加缺乏这方面的训练，开展心理训练是提高潜水员素质的务实措施。

3. 心理训练可以提高潜水员的心理素质

通过心理训练可以使潜水员顽强地进行大强度、大运动量的训练，并且稳定地进行水下作业。潜水员的心理状态是很容易发生变化的，其变化是受个性心理特征的制约和影响的，因为在极度紧张的条件下，决定潜水员行为特点的最重要的心理因素是个性特征。通过心理训练能够提高个性特征的稳定性，使潜水员学会控制和调整自己的心理状态。同时，有组织、有计划地对潜水员的心理状态进行积极干预，可以促进潜水员个性心理特征的发展和完善。

当潜水员面临危险的时候，临危不乱、处变不惊、迅速做出排除危难的决断，是一名优秀潜水员必须具备的心理素质。针对日常潜水活动中经常要面对的场景，通过设置模拟实战环境进行行为心理训练，能有效提高潜水员的心理承受能力、应变能力和处置事件的能力。

当潜水员疲劳的时候，如果其生理与心理能量得不到及时补充，很可能产生职业倦怠情绪，甚至无法继续坚持工作。潜水员经常处于超负荷的工作环境中，要消耗大量的生理能量和心理能量，容易造成身体或心理疲劳。在这种情况下，团体心理训练能有效缓解潜水员的身心压力，恢复其身体能量和心理能量，给潜水员提供强大的心理支持。团体心理训练采用的是活动、体验、分享感悟的模式，所有游戏都是适合儿童玩的，这些游戏基于人之天性，还人性的本原，让不同年龄段的潜水员都能通过游戏找回自己久违的童心，这是一种身心彻底放松的方式，同时也是一种心灵的碰撞、人格的互动，让潜水员在乐趣中受训和作业。

目前的职业潜水员队伍存在相当严重的性别不平衡，以男性为主，不少潜水员即便是遇到极大的心理困惑，也不轻易对他人袒露心扉，而是选择抽烟、喝酒的方式来麻醉自己。由于职业的特殊性，潜水员经常处于应激状态中，精神负荷重、身心疲惫，外出作业都是好多天回不了家，长期处于这种工作状态，容易形成具有压抑、封闭、过分自尊等心理特点，从而出现心理健康状况不佳的情况。开展心理训练能够提高潜水员的心理健康水平，比如，认知心理训练，可以改变消极认知方式，使潜水员学会合理调控自己的情绪；个性心理训练，能够完善潜水员原有的性格特征，塑造健康人格；心理暗示训练，比如语言暗示、音乐暗示以及想象暗示等，可以缓解潜水员外出作业时产生的恐惧、焦虑，缺少安全感等心理。

二、心理训练的原则

心理训练的过程实际上就是对运动员的心理施加影响并促使其发生积极变化的过程，要遵循的原则主要有以下几点。

(1)促进身心健康发展的原则：心理训练是对潜水员心理施加影响的训练，它是直接转化人的"内心世界"的特殊教育过程。任何心理训练方法的使用，必须首先有利于潜水员的身心健康发展。

(2)坚持完全自觉自愿的原则：心理训练的主要任务是培养对心理状态的自我调节能力，心理训练采用的主要手段要由潜水员自己掌握，心理训练最终是要实现潜水员主观上的改变，因此被训练者能否自愿配合，是心理训练效果好坏的主要因素。

(3)结合个体特点的原则：心理训练的主要目的在于改善心理状态，使其达到最佳水平。而改善心理状态必须以潜水员的个体身心特征为依据。

(4)循序渐进的原则：按照由易到难、由简到繁的顺序选择心理训练方式。尤其是刚刚接触心理学的潜水员，可以选择一些简单的，自己就可以尝试做到的心理训练方法，比如自我放松，然后逐步尝试更复杂、更深层次的训练方法。

(5)持之以恒的原则：心理训练要求从根本上改变人的心理状态和个性特征，这不是轻而易举的事情，受训者必须具有耐心和信心，持之以恒，不断进行自觉的自我训练，逐步学会控制自己的心理状态。

第二节 心理训练的内容与方法

一、什么是心理训练

潜水员心理训练是指采用一定的心理学方法,有意识、有目的地对潜水员的心理过程、个性心理特征和心理状态施加影响,使其形成符合潜水职业所需要的心理素质,以提升潜水员的工作绩效和身心健康水平。

那么,潜水员的心理训练包括哪些内容呢?

(一)基本心理素质训练

基本素质训练包括观察力、注意力、记忆力、思维力和想象力等认知心理品质训练。在感觉方面,要求潜水员能保持感觉器官的高度灵敏,能在寒冷、黑暗、水流等条件下迅速适应工作;在知觉方面,要求潜水员能迅速而准确地识别作业的时间和空间等特性,具有很强的观察和发现能力;在注意力方面,要求潜水员能在复杂情况下保持集中、分配和转移注意力;在想象方面,要求潜水员具有创新和预见自己行动结果的能力;在记忆方面,要求潜水员能在紧张、疲劳的作战情况下保持记忆力,迅速而准确地回忆起和使用上自己所掌握的知识;在思维方面,要求潜水员能深刻地分析水下情况,迅速、灵活、创造性地解决各种水下作业的特殊问题;在意志方面,要求潜水员表现勇敢、坚定、顽强、冷静,能在高度紧张、危险、复杂的情况下保持稳定的情绪,能忍受水中高强度作业的疲劳和体力消耗,表现出体力和心理的耐力,可以进行意志的自觉性、果断性、自制力、坚持性和行为习惯养成的训练;此外,需要、动机、兴趣的激发培养,优良气质、性格、能力特征的塑造,自我认识、自我评价、自我体验、自我监督和自我控制、自我意识的调适等也是自我训练的主要内容。

（二）压力管理训练

日常生活中，我们会不可避免地遭遇各种压力事件，潜水员也不例外，而且由于潜水职业的特殊性，潜水员面临的压力是他人无法体会的。

当面临压力的时候，我们都应去尝试适应压力。适应压力有些是主动的，有些则是被动的。内分泌学家塞利将适应压力的过程分为三个阶段：一是警觉阶段，在这个阶段，我们发现了事件并且机体处于警觉状态。二是搏斗阶段，在这个阶段，我们全力投入对事件的应对，有的消除压力，有的适应压力，有的会选择退却。三是衰竭阶段，在这个阶段，我们消耗大量的生理心理资源，最后甚至"筋疲力尽"。如果调整得好，仍然能恢复，如果调整得不好，当压力源继续存在而我们又无法适应的时候，就会发生危险，甚至死亡都是有可能的。因此学会适时地放松自己很重要。

（三）团队协作训练

通过设计一些需要团结协作才能完成的项目和游戏，使潜水员在轻松愉快的活动中强化自己对同伴的认同感和信任感，让大家充满集体荣誉感，互相信任。在潜水工作中，下水的人与船上接应的人关系密切，需要相互信任才能顺利完成任务。素质拓展训练能够很好地实现团队协作，比如"信任背摔"可以帮助大家信任彼此，"太空椅"可以使大家学会团结协作，互助共赢等。

（四）模拟情景训练

一般通过潜水工作相类似的模拟情景进行训练，通过模拟练习来增强潜水员对工作环境的适应能力，训练潜水员在复杂条件下的快速反应能力，培养他们遇事沉着冷静、正确果断地独立处置复杂情况的能力，从而能够在实际工作的时候提高效率。

二、如何进行心理训练

潜水员心理训练与运动员的心理训练、在校学生的心理训练不同，在训练情境的设计上、在训练手段的选择上，都应紧贴潜水员生活实际与工作实践，灵活多样，新鲜有趣，尽量多地采用活动、体验、分享感悟的模式，让潜水员能在趣味活动中提高自己的心理素质，学会从积极的角度来评价自己的生活、事业、家庭及人际关系，最后产生一些内部观念的转变，达到人格的完善。因此，既要对潜水员进行有组织、有计划的集体训练，又要指导其针对自己的具体情况进行自我心理训练。

（一）集体训练

1. 体能训练

良好的心理素质离不开身体素质的支撑，对于高强度作业的潜水员来说更是如此。体能训练可以从以下几个方面进行：心肺功能、肌肉力量、肌肉耐力、柔韧性、速度、灵敏性、力量、双手双脚与双眼之间的协调能力等。

（1）心肺功能训练。心肺功能是指机体通过呼吸系统与循环系统向肌肉输送活动所需的氧气和养料，并将细胞产生的代谢废物运走的能力，主要通过有氧运动（运动强度、频率）、呼吸训练来提高心肺功能。

（2）肌肉力量训练。肌肉力量是指一块肌肉或一个肌群一次收缩所能产生的最大力量。运用综合力量训练套装对全身各部位肌肉进行单独与整合训练。

（3）肌肉耐力训练。肌肉耐力是指某一块肌肉或某一个肌群长时间以最大力量重复运动的能力。通过有氧运动训练和静力性肌肉耐力训练相结合完成。

（4）柔韧性训练。柔韧性是指关节（如肘、膝等关节）或任何联合关节在正常范围内最大活动的能力。主要采用静态拉伸法、动态拉伸法、本体感受改善神经肌肉拉伸法来提高肘、膝、踝、腰的柔韧性。

(5)灵敏性、协调性与反应能力训练。通过特定的体育科目达到训练目的。球类运动是协调能力提高的一个重要训练手段,学员可以通过篮球、乒乓球等球类活动,加强手与脚、大脑与身体的配合能力,增强动作的灵敏性与准确性,并加快动作的反应速度。其他如体操、拳术、游戏训练法对提高机体灵敏协调和反应迅速能力的作用也非常大。

(6)缺氧与CO_2耐力训练。通过憋气训练以提高机体对缺氧与CO_2的耐受能力。亦可用呼吸袋进行,每天训练30min。

2. 感知觉训练

(1)方位感知能力的训练。在陌生的地方或封闭的环境里及三维空间练习判别自己的位置与方向。通过旋梯、滚轮的旋转练习,单双杠的摆动练习,以及四柱秋千的回荡练习等方法进行训练。

(2)距离知觉训练。水下视觉距离判断及盲判断,通过运动觉和触压觉共同参与的方法,进行对距离的亲身体验性判断训练。

(3)空间定向能力的训练方法。此训练分为辅助体操和专门器械体操训练。辅助体操主要包括头部运动、原地转动、专题、跳转等。平衡体操可以在平时训练中提高学员的前庭耐力,培养潜水员良好的空间定向能力;器械训练主要是旋梯训练,固定滚轮和活动滚轮训练。它可以提高潜水员的抗载荷能力和前庭耐力,对潜水员的空间定向能力的提高有极大的帮助。

(4)暗室迷宫训练法。主要以提高感知能力为目的的心理训练方法。潜水员经常要潜入水下工作,很多时候是在暗黑的环境下作业,因此暗室迷宫训练可以强化视觉、听觉、触觉等。暗室迷宫训练的具体做法是,在一定面积的暗室中设定难度等级不同的迷宫,并制定相应的过关标准,建议潜水员训练基地设立这样的暗室迷宫,让潜水员从明亮的地方进入黑暗的暗室迷宫环境中,在进入迷宫前告知要尽快走出迷宫，最好在迷宫内装有严密的监控，记录进出迷宫的整个过程，准确记录所用时间和错误次数，并将这些数据在潜水员出来后告诉他，然后让其再次进入暗室寻找出口，这样经过反复训练，视觉、听觉、触觉等感觉器官的感受能力就会不断得到提高。

(5)记忆力训练法。记忆力训练法主要是以提高记忆能力为目的的心理训练方法。从事潜水员这项职业具有很强的机动性，工作地点不固定，工作环境复杂多变，因而具有一定的危险性，这些是与普通人有很大区别的，这要求潜水员要具备较好的记忆力，在紧急情况下也能顺利回忆起相关的操作技能。这项训练可以与模拟情景训练相结合，通过模拟各种突发状况来检测潜水员对作业技能记忆的熟练程度。

小知识

最新的脑科学研究表明，大脑也可以像身体一样得到锻炼。只要让脑积极接触陌生领域，积极刺激海马体的脑神经细胞，促进树突的生长，日常生活中就可以不知不觉地活化大脑，改善记忆力，增强脑活力。

神经内科专家米山公启博士告诉你：优秀的大脑不是天生的，每个人都可以通过锻炼进一步提高脑力。简易有效的锻炼方法能快速活化你的大脑，使你变得更聪明，工作和学习更有效率。比如，捏住鼻子喝咖啡——阻断嗅觉信息，让视觉、味觉大显身手，刺激不常用到的脑细胞；闻咖啡看鱼的图片——打乱脑对气味的记忆，创造新的内部环境；专门绕远路——选择不常走的路线，刺激脑神经网络的再扩展；多咀嚼可以提高成绩——增加咀嚼次数可以提高脑部血流量，让脑细胞更有活力；每天快走20min——跑步、走路等运动能充分刺激大脑，改善脑活性……

30 种训练记忆力的方法：

一、唤醒身体

(1)闭上眼睛吃饭。

(2)用手指分辨硬币。

(3)戴上耳机上下楼梯。

(4)捏住鼻子喝咖啡。

(5)放开嗓子大声朗读。

(6)闻咖啡看鱼的图片。

二、寻求脑刺激

(1)到餐馆点没吃过的菜。

(2)把自己的钱花掉。

(3)专门绕远路。

(4)用左手端茶杯。

(5)听不同类型的歌曲。

(6)一天睡觉6h。

三、积极锻炼左右脑

(1)去陌生的地方散步。

(2)判断自己是右脑型还是左脑型。

(3)用直觉作决断。

四、补充脑营养

(1)甜食让你变聪明。

(2)吃早餐能活化大脑。

(3)多咀嚼可以提高成绩。

五、越运动脑子越好

(1)每天快走20min。

(2)多做“手指操”。

(3)尝试全新的运动。

六、改善脑活性激发灵感

(1)记住每次成功的感觉。

(2)对自己说“肯定能行”。

(3)写100种自己喜欢的东西。

(4)变换视角看问题。

(5)一想到就说出来。

(6)让脑偶尔无聊一下。

(7)看从来不看的电视节目。

(8)亲身体验是脑最宝贵的财富。

(9)做个倾听者。

3. 抗干扰训练法

抗干扰训练法主要是以提高自我心理控制能力和注意力集中能力为目的的心理训练方法。具体做法是选择任务材料和背景材料,让潜水员在有干扰和无干扰的条件下进行“大家来找茬”的游戏,例如任务材料可以选择“大家来找茬”的游戏材料,背景材料可以选择音乐或噪声等音频材料和科教片、电视剧等视频材料。训练的第一阶段是在没有背景干扰的情况下,要求潜水员在规定的时间内,完成五组图片的找不同任务;第二阶段加上音频干扰和视频干扰背景材料,要求潜水员在各种不同等级的干扰情况下,完成与第一阶段难度相当的找不同任务。经过反复训练,如果潜水员能在高噪声的音频和高吸引力的视频干扰下,按规定时间顺利完成任务,即可以认为基本达到训练效果。

4. 素质拓展训练法

素质拓展训练经过几十年的发展,已经被社会广泛证明是一种有效的素质培养方法。潜水员的素质拓展可以分为个人素质训练和团体素质训练。在个人素质方面,包括兴趣训练、性格训练、情绪管理训练、思维训练、挫折训练、创新能力训练、学习能力训练等等;在潜水员团队素质方面,包括人际沟通能力训练、团队协作能力训练、认同和信任训练等等。在具体实施方面,应当整合潜水员的特点,借助心理咨询方面的专业知识,运用专业手法,引进户外拓展理念,在现有的实训场地基础上,扩建专业的素质拓展训练场地,或者是集体到建设好的素质拓展基地进行素质拓展训练。

素质拓展的经典项目——信任背投

时间:1h 左右(取决于参加人数的多少)。

人数:一般 12 ~20 人较为合适。

道具:一个 1.5 ~1.8m 高的平台(如果没有现成的高台可以用梯子或者树桩代替)。

概述:几乎每一个户外培训小组都可以参加这个游戏。它表面上看起来很吓人,但是如果队员动作规范,实际上是相当安全的。

目的:

(1)建立小组成员间的相互信任。

(2)使队员挑战自我。

(3)发扬团队精神,互相帮助。

步骤：

(1)游戏开始之前，让所有队员摘下手表、戒指以及带扣的腰带等尖锐物件，并把衣兜掏空。

(2)选两个志愿者，一个由高处跌落，另一个作为监护员，负责管理整个游戏进程。让他俩都站到平台上。

(3)让其余队员在平台前面排成两列，队列和平台形成一个合适角度，例如垂直于平台前沿。这些人将负责承接跌落者。他们必须肩并肩从低到高排成两列，相对而立。要求这些队员向前伸直胳膊，交替排列，掌心向上，形成一个安全的承接区。他们不能和对面的队友拉手或者彼此攥住对方的胳膊或手腕，因为这样承接跌落者时，很有可能相互碰头。

(4)告诉那位监护员，他的职责是保证跌落者正确倒在两列队员之间的承接区上。因为跌落者要向后倒，所以他必须背对承接队伍。监护员负责保证跌落者两腿夹紧，两手放在衣兜里紧贴身体；或者两臂夹紧身体，两手紧贴大腿两侧(这样能避免两手随意摆动)。并且，跌落者下落时要始终挺直身体，不能弯曲。如果他弯腰，后背将会戳伤某些承接员——换句话说，承接者可能会被砸倒在地。监护员还要保证，跌落者头部向后倾斜，身体挺直，直到他倒下后被传送至队尾为止。

(5)监护人员还要负责察看承接队伍是否按个头高低或者力气大小均匀排列，必要时让他们重新排队，并且要时刻做好准备来承接跌落者。

(6)跌落者应该让监护员知道他什么时候倒下。听到监护员喊：“倒”之后，他才能向后倒。

(7)队首的承接员接住跌落者以后，将其传送至队尾。

(8)队尾的两名承接员要始终抬着跌落者的身体，直到他双脚落地。

(9)刚才的跌落者此时变成了队尾的承接员，靠近平台的承接员变成了台上的跌落者。循环下去，让每个队员都轮流登场。别忘了让监护员和队友交换角色，好让他也能充当承接员和跌落者。

(10)如果有人不愿意参加跌落，不要逼迫或者戏弄他们。尽量要求所有队员都参与跌落，但若确实有一两个人不愿意参加，可以只让他们在平台上，面对承接队伍站一会儿，然后跳下来(到承接队尾，好像他刚跌落完毕)。或许他会改变主意，愿意跌落到承接队伍中。切记：尽量要求每个队员参加，但不要强迫他们。

讨论问题示例：最初你对游戏有何认识？参加游戏之后你有何感受？当站在平台上准备向后倒时，你有何感想？

安全：任何时候，都不能让队员从1.8m以上的地方向后倒。否则跌落者的头或肩膀将比身体的其他部位先接触承接队伍，导致摔伤。因为跌落者下落时，重量主要集中在这些部位，头很容易撞在地上，那样是相当危险的。必要时多安排几个监护员，监护员的数量取决于培训队员的组成状况。务必让承接员摘下手表、戒指或其他尖锐的物件；跌落者掏空所有衣兜，解下带扣的腰带。

变通：对于那些既成的团队，可以考虑给跌落者蒙上眼罩，增加游戏难度。

(二)个人训练

心理训练要想有更好的成效，还需要潜水员学会自我心理调适，潜水员可以根据自己的实际情况进行，比如自我暗示训练法、自我放松训练法、调整认知、合理宣泄等都是简单可行、行之有效的自我心理训练法。

第三节　心理训练的考核与评价

对心理训练结果进行考核与评价需要在训练前做好充分的准备工作。首先要做好动员工作：在进行心理训练前让潜水员做好充分的思想准备,并且使潜水员明白心理训练的理念和意义,增强潜水员的责任感和自豪感,从而能够对心理训练更加投入。其次要做好前测工作:在进行心理训练之前要确定好评价指标,并做好训练前的测评工作,并将各项前测指标作为基线值,训练结束再次进行测试,通过前后侧对比来分析心理训练的效果。

好的心理素质离不开过硬的身体素质,当潜水员拥有强健的体魄和娴熟的操作技能时,更容易训练出强大的心理素质,因此,对潜水员心理训练的考核不能仅仅局限于心理指标,要结合生理指标和专业技能来进行考核与评价。

一、专业技能评价指标

根据潜水员工作要求标准进行测评,涉及潜水操作、水面操作、水下作业、潜水装具与设备维修保养、潜水疾病与事故处理等方面的内容。

二、生理指标

肺活量以及高气压下肺活量、脑诱发电位、震颤强度、心率与血压、EEG 与心率变异性、肌肉力量、肌肉耐力等指标。

三、心理指标

借助相关仪器设备对潜水员的动觉记忆、暗适应能力、空间知觉、注意集中、注意分配、记忆广度推理、思维敏捷性、协调性等进行测评;此外,还需要借助心理量表进行前后对比,可以选用症状自评量表(SCL-90)、焦虑自评量表(SAS)、抑郁自评量表(SDS)等心理量表作为评价的参考指标。

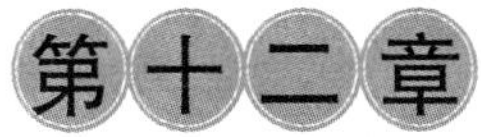

潜水员职业生涯规划和管理

在激烈的市场竞争中，人力资源的质量和存量，已成为企业发展制胜的关键因素。企业人力资源的主体是企业员工，在潜水打捞企业中职业潜水员是企业的主体。所谓人力资源的质量主要是指企业主体，即企业员工的岗位胜任力；人力资源的存量，即指企业员工队伍的稳定性。如何使企业人力资源得到充分的开发利用？实践证明，做好企业员工职业生涯规划和管理是一条有效的途径。一方面企业员工可以根据自己的职业，通过职业生涯规划，确定职业奋斗的各阶段目标，选择切实可行的职业发展路径，并为之做出行之有效的安排；另一方面，企业通过对员工职业生涯规划管理，引导企业员工把个人职业目标和企业目标相结合，为员工职业发展提供相应的服务和保障，以增强员工效能感，充分挖掘员工潜力，使员工贡献最大化，从而促进企业与员工共同进步和发展。

今天，潜水打捞行业已由传统意义上的沉船、沉物打捞，人命救助延展至水下工程建设、海洋资源开发、科学试验以及国防建设等各个领域。潜水打捞行业的发展为我国经济快速发展作出了重大贡献，成为国民经济建设不可缺少的新兴产业。专门从事水下作业的潜水职业在海洋经济开发中也成为不可或缺的重要职业，从事这一职业的潜水员群体是潜水打捞行业的主力军，在今天及未来的海洋经济开发中发挥着重要的作用。潜水职业具有高技术性和高风险性。水下作业不仅需要现代技术和装备的支持;需要水上水下人员的团队协作;更需要有一支具有明确职业目标、乐观职业态度、坚强意志品质、良好岗位胜任能力和身心素质的职业潜水员队伍。因此,从事潜水职业的企业和个人清晰认识和重视潜水员职业生涯规划和管理,对加强职业潜水员队伍建设,增强潜水员职业效能感,实现潜水员职业目标,促进救捞企业发展,更好地适应未来海洋经济开发十分必要。

第一节 职业生涯规划概述

一、职业生涯规划的含义

职业生涯规划也称"职业生涯设计",是个人对职业生涯乃至人生进行持续的、系统的计划过程。当前,成长与发展已成为现代企业员工的基本需求,也是企业发展对员工的期望。如何使企业员工在职业发展过程中实现自身价值,在职业岗位上发挥积极作用,并为企业发展作出最大贡献,实现个人与企业"双赢",需要通过制定适合于员工自身目标和企业目标相融合的职业生涯规划,来有效把握自己的职业生涯,解决自身职业发展的问题。

所谓职业生涯是指伴随着人的一生,围绕职业而进行活动的过程。它具有终生性、独特性、发展性、综合性等特征。

职业生涯规划是指企业员工将个人发展与组织发展结合,对决定个人职业生涯的主客观因素进行分析、总结,确立自己的职业发展目标,制定行之有效的实施方案,并按照一定的时间安排,采取必要的行动实施职业生涯计划的过程,是个人对自己一生职业发展道路的设想。

一个人的职业生涯与自身价值观,以及所处的家庭、单位和社会环境存在密切的关系,并随着这些内外环境的变化而发生改变。职业生涯规划并不是一个单纯的概念,而是一个动态发展的过程。企业员工在不同的职业发展阶段会有不同的目标追求，正因为这些与个人关联的内外环境的变化对自身职业生涯目标、方案和计划带来的不断调整，促使了企业员工在实现职业发展目标的过程中不断成长。

二、职业生涯规划的目的和意义

（一）职业生涯规划的目的

1. 明确职业定位

所谓职业定位就是明确一个人在职业上的发展方向，找到适合自己的岗位，做到人职匹配。职业定位是职业生涯规划的重要环节，职业定位决定着一个人职业生涯的方向，也决定着职业生涯规划的成败。因此，个人理想和现实相融的职业定位是做好职业生涯规划的基础。职业定位包括三方面内容，一是定位方向，选择适合自己的职业和发展方向；二是定位行业，看清自己所选行业的发展趋势；三是定位自己，认清自己职业适任的优势和不足。职业定位的原则就是择己所爱、选择自己感兴趣的职业；择己所能、选择自己能胜任的职业；择市所需，选择具有发展潜力的行业。

2. 促进职业发展

作为职业潜水员来说，已经通过对自己所处的内外环境的分析、衡量，并根据自身能力和兴趣选择了潜水打捞行业的潜水职业。但是，明确职业定位只是走出了职业生涯规划的第一步。职业生涯规划更重要的目的就是帮助个体达到自我认知，并根据主客观条件拟定出合理可行的职业生涯发展方向，同时，使个体通过规划求得自身的职业发展，实现各阶段的发展目标。作为职业潜水员来说，需要根据职业要求、企业发展要求，对自身的实际进行岗位胜任力水平评估，并以此为基础，制定出今后各阶段的发展目标，配以具体的计划和行动措施，为职业发展、实现目标提供行动策略，使职业生涯规划真正成为成就自己职业发展的一个支点。

另外，个人发展是企业发展的基础，企业的发展有赖于员工主观能动性的发挥以及职业发展过程中自我价值的实现。因此，重视员工职业生涯规划，使员工个人发展的需求与企业发展的要求相结合，把企业员工职业生涯规划作为企业人才战略的核心内容，作为发展战略的重要组成部分理应是企业的一项不可忽视的工作任务。

（二）职业生涯规划的意义

一个人在职场要想获得人生的成功，没有目标是不行的。就像推磨的驴一样，忙碌一生却只是在原地转圈圈，如果有了目标，没有规划，今天站在那里却不知道下一步迈向哪里。对于企业员工来说，科学的职业生涯规划能够帮助其明确职业定位，选择职业目标，对职业发展进行策划与设计，并制定实现职业发展目标的合理的计划和措施。职业生涯规划可以让潜水员明确职业生涯的方向，走上有目标、有追求、有指引的职业发展道路。

在职业发展道路上，并不是每个人都能实现自己追求的目标。但是，一个人只要是努力了总会有进步和发展的，至少可以说接近了目标，并享受了职业生涯奋斗的过程。假如你不努力，就只能停留在原地打转，什么都没有。什么是职业生涯发展？简而言之，就是走好第一步、跨出下一步，走好每一步。怎么走？就需要对自己的职业生涯进行规划。可见职业生涯规划对潜水员职业发展具有重要的意义。

1. 增强潜水员职业发展的目的性与计划性，提升成功的机会

对每个人而言，职业生命是有限的，如果不进行有效科学的规划，势必会造成生命和时间的浪费。俗话说，有什么样的目标，就有什么样的人生；有什么样的计划，就有什么样的发展；有什么

样的行动,就有什么样的结果。潜水员根据自己从事的潜水职业,制定一份职业生涯规划,对自己未来的职业发展进行设计,给自己一个切合实际的发展目标和发展方向,这样不仅可以增强自身职业发展的目的性与计划性,提升成功的机会,也使自己获得一个为之奋斗的动力。现实生活中常有一些人没有方向感,也没有动力,所以工作总是被动应对,职业生涯常常受挫,原因是他们没有职业生涯规划。常言道,好的计划是成功的开始,古语讲,凡事"预则立,不预则废"就是这个道理。

2. 使潜水员更好地认识自己,了解自己,发展自己

职业生涯是一个动态发展的过程。因此,职业生涯规划也是一个需要不断修正的发展过程。对于职业潜水员来说,通过职业生涯规划的制定和修订,可以引导潜水员经常对自己职业胜任力现状进行分析评估,对自己的综合优势和劣势进行对比分析,对自己与客观环境的关系、个人发展目标与企业发展目标进行比较,有利于潜水员更加全面地认识自己、了解自己;有利于潜水员根据自己的特点和现实条件,给自己合理的价值定位;有利于潜水员确立与企业发展目标相融的个人职业发展目标;有利于潜水员不断完善自己,挖掘自身潜力,采取有效的奋斗策略,克服职业生涯发展中的各种困扰,实现自己的职业发展目标。

3. 促进潜水员自我管理,提升职业竞争力

职业生涯规划是企业员工进行自我管理的有效工具。企业员工进行职业定位,确定职业发展目标,制定行动计划的过程就是一个自我管理过程。制定潜水员职业生涯规划,一方面能够促进潜水员自身管理,鞭策潜水员有目标、有方向、有计划地努力工作;另一方面潜水员自我管理主动性的发挥,有利于对职业生涯规划的实施过程进行自我监督,对处于不同阶段的自身状况,以及与客观环境、发展目标、企业要求之间的适应关系进行分析、比较和评估。潜水员通过职业生涯规划的自我管理,能够更好地把

握自己，根据自身现状，不断调整和完善自己，发扬自身优势，充分挖掘自身潜力，不断提高岗位胜任力，提升职业竞争力。

第二节 潜水员职业生涯规划的内容和步骤

职业生涯规划是个体对职业生涯进行持续、系统的计划过程。潜水员职业生涯规划是潜水员根据自己的职业倾向，确定自身职业生涯发展中各时期的奋斗目标，并为实现这一目标做出行之有效的安排。潜水员做好职业生涯规划有助于鞭策自己有目标地努力工作，有助于引导自己发挥潜能，提升应对竞争的能力；有助于在实现自身价值的过程中，增强自尊心和自信心。

作为潜水员来讲，一方面通过职业生涯规划来使自身素质和潜水员职业之间达到合理匹配；另一方面职业发展是阶段性的，需要潜水员在职业发展的每一阶段能够作出正确的选择和决策，调整自己的职业定位，使自身素质与潜水员职业要求之间形成新的匹配。

从职业生涯发展过程来看，一般可分为职业准备期、职业选择期、职业适应期、职业稳定期四个阶段。潜水员正处于职业适应期或职业稳定期，因此，潜水员职业生涯规划制定主要是在职业定位的基础上，确立职业发展目标，实现目标的路径和方法。

一、潜水员职业生涯规划的内容

一般来说，个人职业生涯规划内容主要包括：确定志向、自我评估、职业生涯机会的评估、职业的选择、设定职业生涯目标、制定行动计划与措施、评估与调整等八个方面。作为潜水员来说，已经过了职业选择期，处于职业适应期或职业稳定期。因此，潜水员职业生涯规划主要是在职业定位的基础上，从自我认知、职业认知、职业发展目标的确定、制定行动计划与措施、评估与调整等五个方面来制定。

1. 自我认知

自我认知是指个体从职业胜任力角度（包括需要动机、身心素质、个性品质、知识技能等方面）对自己做出评估，目的在于认识自我、了解自我，为确定职业发展目标做准备。

2. 职业认知

对于职业人员来说，需要结合所从事职业的内涵、职业特点、职业前景、职业潜力进行综合分析，增强职业认识，培养职业意识和职业责任性，通过职业生涯规划的积极作用，分析内外各种因素，给自己的职业发展确定一个恰当的目标。

3. 职业生涯目标的确定

确定职业发展目标是一个人职业生涯发展的关键。一般常采用5个"W"的思考模式："我是谁？我想干什么？我能干什么？现实环境中是否允许我干什么？我的职业目标到底是什么？"所以确定职业发展日标要结合主客观因素，认真思考作出决策。潜水员已经明确了从事潜水职业，因此需要根据自身状况和发展需要合理规划，制定出短期发展目标、中期发展目标甚至长期发展目标。

4. 制定行动计划和措施

个体职业发展目标确定后，根据职业发展目标制定切合自身实际、与企业发展要求一致的行动计划和措施，为实施做好准备。

5. 评估与调整

职业生涯规划在实施过程中有必要对落实情况进行阶段评估；另外，职业生涯规划与企业发展要求的融合度也需要不断地进行阶段性的评估，并依据评估结果对目标、计划和措施进行调整和完善。

二、潜水员职业生涯规划程序与步骤

（一）自我认知

潜水员自我认知主要是对岗位胜任力的自我评价，包括：生理自我认知、心理自我认知、职业技能自我认知。

1. 生理自我认知

生理自我认知就是对自我健康状况的把握。潜水员需要在船上生活、在水下高压环境下作业，特殊的作业环境需要潜水员具有较强的与其职业相适应的生理素质。因此，潜水员了解自己的健康状况，以及对职业的适应度是十分重要的。

2. 心理自我认知

由于潜水员职业的特殊性、复杂性和高风险性，潜水员不仅要有良好的身体素质，还需要有强大的心理承受能力。潜水作业期间，会经历家人分离、生活单调、孤独寂寞、工作压力、艰苦环境、潜在危险、恶劣气候的影响。这些应激源都有可能给潜水员带来心理上的失衡。另外，潜水作业是一个集体行为，需要各类人员间的信任和协作。因此，潜水员在职业定位时，应有充分的心理准备，要清楚自己的个性特质、心理状况对潜水职业的适应程度。在制定和实施职业生涯规划时加入心理健康知识学习和心理训练内容，学会自我调控，增强心理应对能力，通过促进心理健康，提高心理素质，以更好地适应职业要求。

3. 能力自我认知

这里讲的能力，主要指职业能力，是指个体从事某一职业所需的知识、技术和能力。一个人是否具备良好的职业能力是能否胜任所从事职业的重要前提。2014 年 12 月，国家人力资源和社会保障部技能鉴定中心、交通运输部救捞局、潜水打捞行业协会等部门通过了由中华人民共和国交通运输部职业资格中心组织编制的《潜水员职业标准》。根据潜水员职业（空气潜水员、混合气潜水员、饱和潜水员）标准的规定，将职业潜水员分为初级、中级、高级、技师、高级技师五个等级，并从基本要求、相关基础知识、技能要求三个方面分别对不同等级的潜水员提出了职业技能要求。潜水员在制定职业生涯规划过程中，必须对自己的职业技能水平作出客观评价，对自己职业技能现状充分认知。在此基础上确立各阶段职业发展目标，并制定相应的实施计划和措施。

（二）职业认知

潜水员对所从事的潜水职业的认知，就是对潜水职业的价值和地位、内涵和职责、职业特点的认识。深刻的职业认知能增强潜水员的职业信心、职业意识和职业责任心。正确的职业认知，有助于潜水员职业定位，有利于职业生涯规划的有效实施。

潜水员职业认知主要有以下几个方面的内容。

1. 潜水职业价值和地位的认知

潜水职业是一个专门从事水下作业的职业，它涉及沉船、沉物打捞，人命救助，水下工程建设，海洋资源开发，科学试验以及国防建设等各个领域。它为国家社会经济建设的快速发展作出了积极的贡献。在我国，潜水职业是一个新兴的，但具有发展前景的职业，在我国未来海洋经济开发中，潜水职业将发挥越来越重要的作用。

2. 潜水职业内涵的认知

职业是社会劳动分工发展的产物。潜水职业是指职业潜水员运用自身的专业知识、技能从事潜水作业服务，为救捞事业发展、为国家海洋经济开发做出贡献，同时满足自身的物质需求与实现职业发展的持续性活动。潜水员对职业内涵的正确认知，有助于提升自身价值的定位，有利于促进以职业意识、职业道德、职业心态为内容的职业化素养的养成，有利于职业生涯规划的现实性。

3. 潜水职业特点的认知

潜水职业的特点，主要是潜水员在水下作业，如水下打捞、水下搜救、水下工程、水下开发等。由于潜水作业环境的特殊性，潜水职业与其他职业相比有着明显的不同。潜水员在水下作业期间，水下环境的复杂性和高气压影响，需要潜水员具有不同常人的生理和心理素质；水下作业的高难度性和高危险性，需要潜水员掌握高超的专业技术，具有不怕困难，勇于挑战的顽强意志；水下环境的不确定性，需要潜水员具备一定的应变应对能力。另外，潜水作业又是一个协同作业，需要水面保障人员与水下作业人员之间密切合作。因此，潜水员不但要具备独立完成任务的能力，还应该具备良好的团队合作能力。

（三）潜水员职业生涯规划目标的确立

职业生涯目标的设定，是职业生涯规划的核心。当一个人有了明确的目标，行动也就有了明确的方向。潜水员与正在择业者不同，是一个已经择业，并确定了职业的专业技术人员。因此，潜水员职业生涯规划主要是以职业胜任力为目标的生涯设计。潜水员通过自我认知和职业认知后，对自己生理、心理和能力状况，对所从事的潜水职业的特点、发展现状和前景有了一个比较清晰的全面的了解。而且通过对主客观因素的分析，对自身职业胜任力状况与成长期望的差距，对个人发展需求与企业发展要求的一致性程度也有了较好的把握。潜水员可以综合上述因素，依据职业定位、岗位胜任力状况、企业发展要求确定自身的职业发展目标。由于个人发展与企业发展一样具有阶段性，因此，制定个人职业发展目标也具有阶段性，可设为近期目标、中期目标和远期目标。另外，潜水员目标选择不在高远，而在切合实际。就像苹果挂在树上，跳起来要能摘得到。法国总统戴高乐曾说过：眼睛所看见的地方就是你会到达的地方。在潜水员职业生涯道路上有许多需要去实现的目标。应该从最近的目标开始，走好第一步；不断升级自己的目标，走好每一步。

（四）行动计划和实施措施的制定

说一个人没有理想目标不现实，但是，为什么许多人有了目标却难以实现呢？关键是缺少一个保障实现目标的计划和措施。西方有一句谚语，“如果你不知道要去的地方该如何走，那你哪儿也去不了。”意思是说:光有想法,没有计划,期待客观条件改变的心态是没有任何积极意义的。成功者总是对照目标不断地调整自己,并从实际出发制定一个围绕自己目标的行动计划和实施措施,并在实践中不断加以完善,以便能更加有效地行动。

潜水员要围绕自己确定的阶段目标,制定一个切合实际的行动计划;根据自己的生理素质、心理素质、专业知识、职业技能与职业发展目标要求的差异制定相应的有效的实施措施。给自己行动一个指引,给自己行动一个动力。比如,如何增强体能,提高心理素质;如何提高自己的职业能力;如何开发自己的潜能,提升自身价值;如何养成自身良好的个性品质和职业道德等等,都要有具体的计划和明确的措施,并且这些计划和措施要比较具体,以便于定期检查。另外,计划与措施不是一成不变的,潜水员需要随着主客环境的变化、职业发展目标的改变,对计划和措施作出相应的调整。

(五)潜水员职业评估与调整

俗话说:“计划赶不上变化。”职业生涯规划在执行过程中会受到很多因素的影响。有的影响因素是可以预测的,而有的影响因素难以预测。因此,要使职业生涯规划行之有效,就必须根据主客观环境的变化,对职业生涯规划进行评估与作出调整,内容包括:自身价值、职业定位、职业方向、职业目标、计划与实施措施的变更等等。另外,潜水员在职业生涯规划执行过程中,需要不断地进行自我反省,对未实现的目标、制定的计划、采取的措施和行动的落实情况,进行阶段评估,并作出相应行为调整,以确保潜水员职业生涯规划始终保持与自身实际的一致性,与企业发展战略目标的统一性。

潜水员可设计对照表格,将阶段需要达到的目标内容、标准、时间和掌握程度用表格的方式做阶段评估,根据情况再调整下一阶段的内容。还可以通过潜水员相互间评估或为自己确立一个标杆进行对照，在达到相互促进、共同提高的同时，增进彼此的友谊，增强团队凝聚力。

第三节 潜水员职业生涯规划管理

职业生涯规划管理是现代企业人力资源管理的重要内容之一，是企业将员工个人职业发展需求与企业人力资源需求相联系做出的有计划的管理过程。潜水员职业生涯规划管理是企业帮助员工制定职业生涯规划和帮助其职业生涯发展的有计划的管理过程。在这个过程中，打捞企业将潜水员职业生涯规划纳入企业发展战略计划，帮助他们规划职业生涯，采取有效措施提高他们的岗位胜任力，增强他们的归属感和敬业精神。通过潜水员和企业的共同努力与合作，使他们的职业生涯目标与企业发展目标相一致，最终实现个人进步、企业发展的良性循环。

实际上，职业生涯管理除了企业管理之外，还包括个人对自身职业生涯规划制定和实施过程的自我管理。

一、职业生涯规划管理的重要性

每个企业都有自己的发展目标，但目标能否实现取决于企业员工积极性、创造性的极大发挥。企业最大限度利用员工的能力和潜力，并为员工提供一个不断成长和职业成功的机会，在这一过程中，企业得到了绩效改善，而员工获得了职业发展。因此，企业协调员工做好职业生涯规划极为重要。

1. 提高员工自我效能感和工作满意度

员工职业生涯规划的依据是企业发展对人力资源的需求与要求。成功的企业对员工职业生涯规划实施管理，能使员工对职业重要性和岗位胜任力要求有一个更加深刻的理解。企业通过帮助员工进行生涯指导、素质和能力评价、教育培训以及建立激励机制，有利于提高员工岗位胜任力，激发工作积极性，增强对职业发展的信心。同时，企业通过员工职业生涯管理，为员工提供了更大的发展空间，使其发展更有选择性和方向性。员工能够在理解企业对人力发展要求的情况下，自觉把自身利益与企业发展更紧密地结合起来，根据自身特点，提高自身职业素质和职业能力，使个人价值得到增值，从而使自我效能感、工作满意度得到提升。

2. 实现“以人为本”的现代企业管理理念

所谓“以人为本”的现代企业管理理念就是企业管理者充分尊重并满足员工个人正当合理的发展需求。现代企业管理理念的核心是使企业员工具有与企业发展理念和发展目标统一的共同的价值观和行为方式，使企业员工的积极性、创造性和责任性得到极大的激发。企业帮助员工做好职业生涯规划就是强调和肯定人的重要性，促进和鼓励员工学习、创新和竞争，同时，给员工提供不断成长、不断挖掘潜力并取得职业成功的机会和条件。企业通过加强企业员工职业生涯规划管理，有利于构建一个引人、育人、留人的企业用人机制；有利于创造一个高效率的工作环境；有利于创建一个积极向上、不断进取的企业文化氛围。

3. 有利于企业和员工共同受益

企业与员工之间是一个相互依存、相互促进、不可分割的利益共同体。企业员工在企业发展中实现个人价值，企业也在员工的同心协力下得到立足和发展。因此，积极的职业生涯规划管理具有双向促进作用，它不仅能满足企业对人才的需求，为企业实现较快、可持续发展提供坚强的人才保障，也满足了员工自我实现的要求，使企业和员工在为实现共同发展目标的过程中共同受益，获得“双赢”。

二、自我职业生涯管理

潜水员制定职业生涯规划是自我职业生涯管理的一个方面。

潜水员对职业生涯规划实施过程的自我管理主要包括三个方面。

1. 自我评价

自我评价是指个体运用各种方法对各阶段自身发展状况与职业发展目标的相合度进行评价，为科学指导自身职业生涯发展提供依据。其目的是使个体行动与职业生涯规划的目标相一致，个体职业生涯规划与企业不断发展的要求相适应。潜水员在职业生涯发展的各个阶段需要有意识地从职业目标、岗位胜任力、计划和措施的执行，以及与客观环境的关系等方面进行评估和分析，通过评估更好地了解自己，调整自己，使自己的职业生涯规划更加符合实际，使自己的实践行动与发展目标和计划保持一致。

2. 自我监督

自我监督是指个人有目的地通过自我观察、自我要求、自我约束，使自己的动机和行为不断符合职业生涯规划要求的过程。潜水员在职业生涯发展过程中，对自身职业生涯规划的实施状况进行自我监督，并根据实际进行调整，达到自我把握，确保职业生涯规划顺利实施。

3. 自我调整

个人职业生涯规划不是一成不变的，而是一个与个人、企业、社会密切关联的动态变化过程。潜水员职业生涯规划同样需要不断地适应社会经济发展对潜水打捞行业、对企业、对个人的新要求，始终与企业和社会发展保持一致。因此，在职业生涯发展的每一个阶段，需要通过自身评估，进行重新定位；对职业生涯规划进行调整，对自己的行动方案进行修正，使自己始终处于良好的进取状态，顺应社会和企业发展的要求。

三、企业职业生涯管理

潜水员职业生涯规划管理，既是企业的责任，也是潜水员的期待。潜水员是企业发展的依靠，潜水员和潜水打捞企业是一个紧密联系的利益共同体。潜水打捞企业将潜水员职业生涯规划纳入企业人力资源管理，根据企业发展战略和人力资源开发要求，结合潜水员自身特点，帮助潜水员制定职业生涯规划，为潜水员实现个人职业价值给予方向性的引导，为提高潜水员岗位胜任力提供必要的技术和平台支持，以及政策和制度保障，对潜水员职业生涯规划的顺利实施，对企业培养人才、留住人才、促进发展起着重要的作用。

（一）企业职业生涯管理的目的

对潜水员进行职业生涯规划管理的总体目的，是促进企业及其员工的“双赢”，具体表现在：

（1）为潜水员指明职业生涯发展道路和努力方向；

（2）帮助潜水员提高岗位胜任力，增强自信力；

（3）促进个人目标与企业目标的实现和协调发展。

（二）企业员工职业生涯管理的内容

1. 指导潜水员做好职业生涯规划

潜水打捞企业对潜水员实施职业生涯规划管理，要尽力协调好潜水员个人目标和企业目标，并使其相一致，通过职业生涯规划指导，使潜水员明确职业生涯规划与企业战略发展的关系，帮助潜水员进行自我评估和公司测评，共同对结果进行分析，使潜水员全面了解自己的优势、弱点和差距，比照企业发展目标进行自身价值和职业定位，确立职业生涯发展路径和职业发展目标，同时根据潜水员的不同情况指导其拟定实现职业发展目标的行动计划和措施。潜水打捞企业还应在企业和潜水员个人不同的发展阶段对潜水员职业生涯规划进行评估和调整，对职业生涯规划执行情况进行监督。

2. 搭建潜水员职业发展平台

潜水员职业生涯目标确立后，需要把目标转化为具体的行动方案和措施，并付诸实施。在这个过程中，企业要尽可能为员工的职业发展搭建平台。

潜水员职业属于特殊专业技术职业，潜水打捞企业应根据国家《潜水员职业标准》，针对空气潜水员、混合气潜水员、饱和潜水员的岗位分级序列和职业标准，根据岗位任职条件，以潜水员绩效、能力、素质评价结果为依据，制定潜水员岗位、职级发展规则，形成适应不同潜水职业类型人员需求的职业发展路径。潜水打捞企业还可以根据实际为潜水员设置专业岗位序列和管理岗位序列等多条职业发展通道，实行岗位与职级聘任相结合的聘任制度。比如：潜水员在职业发展过程中主要在专业岗位序列通道内发展，但也可与管理岗位序列通道同时发展或转入管理岗位序列通道发展，两条通道之间可以互相转换。

3. 培育潜水员职业素质和职业能力

潜水员职业生涯发展过程中，各阶段目标的实现在很大程度上依赖于企业“以人为本”的管理。依赖于企业将把潜水员职业生涯规划管理纳入人力资源管理的整体统筹之内，也即潜水打捞企业立足潜水员实际，着眼企业发展需求，对潜水员职业素质养成和职业能力提高进行全面系统的筹划。

培育潜水员良好的职业素质和职业能力，一方面企业要确立“以人为本”的管理理念，建设积极向上、不断进取的企业文化，激发潜水员的积极性，提高潜水员的职业认同度，增强责任意识，树立奉献精神，使个人目标与企业目标趋同。另一方面企业要根据职业发展阶段性、目标层次性的特点，通过有步骤、有计划、分阶段地开展形式多样、各种类型齐全、层次完整的岗位教育和培训，提高潜水员职业能力和岗位胜任力，实现人职匹配。

4. 为潜水员职业发展提供制度保障

潜水员职业生涯规划即职业发展规划，也是人才发展规划。这项工作的有效实施，将为企业培养人才、用好人才、留住人才，实现可持续发展提供人才保障。企业通过职业生涯管理，指导潜水员制定职业生涯规划，为潜水员职业发展搭建平台，为潜水员职业素质养成、职业能力提升提供支撑，有利于职业生涯规划的实施，有利于个人和企业共同发展。要使制定和实施职业生涯规划的过程成为潜水员积极主动、坚持不懈的自觉行为，除了上述因素外，还需要通过建立和完善企业职业生涯规划管理体系，配套相关的绩效考核、教育培训、职级晋升、薪酬奖励等保障制度，建立起相应的责任监督机制，通过加强组织、健全制度、规范管理，确保企业职业生涯管理落到实处。

人生如大海航行，人生规划就是人生的航线，有了航线，我们就不会偏离目标迷失方向，才能更加顺利和快速地驶向成功的彼岸，就好像搞建筑必须有图纸才能施工一样。说一个人没有理想目标不现实，但是，为什么许多人有了目标确难以实现呢？关键是缺少实现目标的规划和执行规划的行动。每个人都有成功的渴望，但有不少人只是等待机会，没有以进取的心态不断从新的起点去规划自己的职业生涯。他们大都安于现状，按部就班地工作。不成功的人总是把自己与命运联系在一起，被动等待。成功者总是不断调整自己，根据实际制定一个融入自己目标的行动规划，并在实践中不断加以完善。苹果掌门人乔布斯曾经说过：让职业生涯规划见鬼去吧！其实他反对的是脱离实际、形式主义的职业生涯规划。实际上他所走的每一步都是经自己精心设计的一部分，并由此创造出了个人电脑、动画电影、音乐、手机、平板电脑以及数字出版等6大产业的颠覆性变革。

潜水员根据实际为自己制定一个职业生涯规划，包括职业定位、发展目标、行动计划等等，并在实践中不断进行自我评价，自我监督，自我调整，这样，既有益于自身发展，也有利于企业发展。一个没有规划的人，只会是过一天是一天，日后会懊悔的。

第十三章

潜水员的职业道德修养

潜水是一项特殊的职业工种，具有高风险。在潜水作业时潜水员不仅要承受高气压所带来的生理影响，比如听力受损、发生减压病等，同时还要应对并克服复杂的水下或在密闭压力环境下所产生的各种不良心理反应。随着救捞技术的不断发展，潜水设备和装具的性能日趋完善，各项潜水医学的保障措施也日趋成熟，但潜水意外和事故仍时有发生。另外，尽管当前对潜水员身体机能健康方面的选拔要求越来越严密，但潜水员在潜水实践中的自我淘汰率仍居于较高水平。究其原因，这与潜水员的心理素质及道德素养存在很大关系。因此，提高潜水员的心理健康水平，增强潜水员的职业道德修养，具有重要的现实意义。前面章节围绕潜水员心理健康已经做了详细探讨，本章将针对潜水员的职业道德进行分析，从加强职业道德建设的重要性、潜水员职业道德修养的内容及途径等角度进行探讨，以最终实现潜水员职业道德修养的提高。

第一节 潜水员加强职业道德修养的意义

一、职业道德的含义

各行各业，每个岗位，都是社会经济、政治、文化发展结构进一步分化、分工的产物，都被赋予了特定的社会职能、社会责任和行为规范，并要求每个从业人员严格遵守、认真奉行。所谓无规矩不成方圆,无规范不成社会。而职业道德,就是从事一定职业的人们在职业活动中应该遵循的,依靠社会舆论、传统习惯和内心信念来维持的行为规范的总和。它是职业或行业范围内的特殊要求,是社会道德在职业领域的具体体现。

潜水员职业道德,是指从事潜水职业的人员在潜水作业过程中所应遵循的职业行为要求。具体来说,最基本的职业道德要素包括职业理想、职业态度、职业义务、职业纪律、职业良心、职业荣誉和职业作风。

职业理想是潜水员对职业活动目标的追求和向往,是人们的世界观、人生观、价值观在职业活动中的集中体现。

职业态度是潜水员在一定社会环境的影响下,通过职业活动和自身体验所形成的、对岗位工作的一种相对稳定的劳动态度和心理倾向,是潜水员精神境界、职业道德素质和劳动态度的重要体现。

职业义务是潜水员在职业活动中自觉地履行对他人、社会应尽的职业责任。

职业纪律是指潜水员在岗位工作中必须遵守的规章、制度、条例等职业行为规范。

职业良心是潜水员在履行职业义务中所形成的对职业责任的自觉意识和自我评价活动。

职业荣誉是社会对潜水员职业道德活动的价值所作出的褒奖和肯定评价,以及从业者在直观认识上对自己职业道德活动的一种自尊、自爱的荣辱意向。

职业作风是潜水员在职业活动中表现出来的相对稳定的工作和职业风范。职业作风是一种无形的精神力量,对其所从事事业的成功具有重要作用。

【典型个案】

英雄潜水员官东

2015 年 6 月 1 日深夜,“东方之星”客轮在长江湖北监理段倾覆,450余人不幸落入水中。海军工程大学潜水分队潜水员官东,一个90后小伙,在水下救人时,毫不犹豫地将自身潜水装备套在被困者身上,自己却险些被暗流卷走。当他双眼通红,满头油污地浮冲出水面时,赢得了现场的掌声。在举步维艰的救援过程中,官东连救2人。不久后,他走红网络,成为网友点赞的"最帅潜水员"。他也被评为"德耀中华·第五届全国道德模范敬业奉献模范"候选人。

二、加强职业道德修养的意义

潜水员是从事水下和高气压作业的特殊行业。因为工作地点是在温度较低的水下,可见度不高,并且随着水下作业深度的加大,潜水员忍受的气压也随之增加。这一工作环境的艰苦性需要潜水员既要具备专业的技术素质,还需要良好的职业道德修养。所谓职业道德修养,是指潜水员按照职业道德基本原则和规范,在职业活动中所进行的自我教育、自我改造、自我完善,使自己形成良好的职业道德品质和达到一定的职业道德境界。

潜水员只有不断加强自我教育、自我改造、自我磨炼和自我完善,才能不断提高自身职业道德品质,在促进职业发展的同时,推动自身进步,使个人职业生涯最大限度地展现生机与活力。正如俗话说:玉不琢不成器。同理,人不修养不成材。加强潜水员职业道德修养,对社会进步、企业发展、个人成才都有着重要意义。

(一)加强职业道德建设是践行社会主义核心价值观的重要途径,是全社会良好道德风尚的标志

社会风尚是人们精神面貌的综合反映,但归根结底是现实社会关系的综合反映。职业道德风貌本身就是社会道德风尚的一个重要方面。职业道德在受社会风尚制约的同时,也对社会风尚产生影响。人们在自己的职业活动中能否普遍地遵守职业道德,与社会生活的稳定,良好社会风尚的形成,有着直接的关系。如

果人们有高尚的职业道德，彼此互相帮助，互相支持，方便他人，热情服务，以“为人民服务”作为自己工作的目的，那么就会形成良好的社会关系和社会道德风尚。

党的十八大倡导“富强、民主、文明、和谐；自由、平等、公正、法治；爱国、敬业、诚信、友善”的社会主义核心价值观。其中“爱国、敬业、诚信、友善”，是公民基本道德规范，是从个人行为层面对社会主义核心价值观基本理念的凝练。它覆盖社会道德生活的各个领域，是公民必须恪守的基本道德准则，也是评价公民道德行为选择的基本价值标准。爱国是基于个人对自己祖国依赖关系的深厚情感，也是调节个人与祖国关系的行为准则。它同社会主义紧密结合在一起，要求人们以振兴中华为己任，促进民族团结、维护祖国统一、自觉报效祖国。敬业是对公民职业行为准则的价值评价，要求公民忠于职守，克己奉公，服务人民，服务社会，充分体现了社会主义职业精神。诚信即诚实守信，是人类社会千百年传承下来的道德传统，也是社会主义道德建设的重点内容，它强调诚实劳动、信守承诺、诚恳待人。友善强调公民之间应互相尊重，互相关心，互相帮助，和睦友好，努力形成社会主义的新型人际关系。这些价值观体现在职场领域，构成职业道德的基本规范。因此，加强职业道德建设，是践行社会主义核心价值观的重要途径。

（二）职业道德是企业文化的重要组成部分

企业文化，或称组织文化（Corporate Culture 或 Organizational Culture），是一个组织由其价值观、信念、仪式、符号、处事方式等组成的其特有的文化形象。企业文化由三个层次构成：

（1）表面层的物质文化，称为企业的“硬文化”，包括厂容、厂貌、机械设备，产品造型、外观、质量等；

（2）中间层次的制度文化，包括领导体制、人际关系以及各项规章制度和纪律等；

(3)核心层的精神文化，称为“企业软文化”，即包括各种行为规范、价值观念、企业的群体意识、职工素质和优良传统等，是企业文化的核心，被称为企业精神。

其中，企业的行为规范、价值理念等企业软文化，是企业文化的灵魂。而潜水员作为潜水相关单位、企业的主体，任何一种良好的企业文化都必须以潜水员为中介，借助潜水员的各种生产、经营和服务行为来实现。因此，加强潜水员职业道德建设，对企业来说具有重要意义。

(1)加强潜水员职业道德建设，是建立和谐人际关系的必然要求。高尚的道德情感是互相沟通的，它可以传递给他人，使他人感到心情舒畅愉快，再传递给其他人，如此往复，在全企业造成良好氛围，使全企业的道德风貌有一个较大提高。

(2)加强潜水员职业道德建设，是提高潜水员综合素质的内在要求。职业岗位是培养和表现人格的最佳场所，全社会各行各业的从业人员都注重职业道德品质修养，必然会提高全民族的道德素质。

(3)加强潜水员职业道德建设，是提高企业竞争力、促进企业可持续发展的必然要求。潜水员的精神状态、职业道德水平，对企业生产力水平的提高起着至关重要的作用，潜水员具备较高的职业道德素养，就能充分发挥主观能动性和创造性，从而提高劳动生产率，促进企业经济的发展。职业道德的作用以及所产生的巨大精神动力是企业可持续发展的保持。

【引申阅读】

交通运输部救助打捞局的“救捞文化”

中国救捞是中国唯一一支国家海上专业救助打捞力量，她承担着对中国水域发生的海上事故的应急反应、人命救助、船舶和财产救助、沉船沉物打捞、海上消防、清除溢油污染及其他对海上运输和海上资源开发提供安全保障等多项使命。同时，她代表中国政府履行有关国际公约和海运双边协定的义务。

其救捞文化概括为以下几个方面。

救捞使命：保障水上人命、环境、财产安全。

救捞愿景：建设一支精干、实用的国家专业应急抢险救助打捞队伍，为经济社会发展和构建和谐社会保驾护航。

救捞目标：人员精干、装备精良、技术精湛，在关键时刻能起关键作用。

救捞精神：把生的希望送给别人，把死的危险留给自己。

救捞作风：特别能吃苦、特别能战斗、特别能团结、特别能奉献。

——摘自交通运输部救助打捞局网站

（三）职业道德是个人成才、事业成功的重要保障

良好的职业道德修养是潜水员职业成功的重要前提。一个人职业生涯是否顺利，能否胜任工作岗位要求和发挥应有的作用，既取决于个人专业知识与技能的掌握程度，也取决于个人的职业道德素质及对待工作的态度和责任心。潜水员只有确立相应的职业道德观念，培养职业情感，树立职业理想，形成良好的职业习惯，以及具有相应的义务感和责任感，才能赢得社会和他人的尊重和赏识，才能不断取得进步，成为对社会有用的人，具体如下。

1. 良好的职业道德修养可以为潜水员的职业成功提供社会资源

卡耐基曾经说过：“一个人事业上的成功只有15%是由于他的专业技术，另外的85%靠人际关系、处事技能。”良好的职业道德修养不仅是潜水员步入职业殿堂的“通行证”，体现着个人的道德操守和人格力量，也是潜水员在行业立足的基础。谁丧失了职业道德，谁就失去了人心，失去了社会的支持。当今社会，人们越

来越看重一个人的道德素质，所谓“才者，德之资也；德者，才之帅也。”因此，潜水员在职业生涯中，应当时刻加强职业道德修养，踏踏实实做人做事，这样才能不断拓展个人发展空间。

2. 良好的职业道德修养有助于提高潜水员的职业境界

潜水员的职业道德修养越高，就越能对潜水职业有正确的认识，明确工作的意义和重要性，从工作中寻找到乐趣，体验到职业所带来的成就感和自豪感。苏联教育家苏霍姆林斯基在《给儿子的信》中说：“如果一个人热爱自己所从事的工作，他一定会竭尽全力使其劳动过程或劳动成果充满美好的东西，生活的伟大、幸福就寓于这种劳动之中。”拥有良好职业道德的人会发自内心地热爱所从事的职业，在他们眼中，从事职业的目的已不仅仅为了养家糊口，也不仅仅是对财富地位的追求，而是在职业中获得与他人合作，得到他人尊重的满足，以及体验自我价值实现的愉快，这是人类需求高层次的满足。

3. 良好的职业道德修养是潜水员社会化的重要表现，是潜水员自我实现的重要保证

所谓社会化，是指个体在与社会互动的过程中，逐渐养成独特的个性和人格，从生物人转变为社会人，并通过社会文化的内化和角色知识的学习，逐渐适应社会生活的过程。职业生涯是潜水员社会化的重要途径。潜水员在职业生涯中只有遵守职业道德规范，善于与人沟通合作，具备了适应社会所需要的职业道德素质，才能尽快社会化，得到单位和社会的认可，自己也得到锻炼和成长，并越来越成熟。

同样，潜水员在追求自我价值实现的过程中，同样需要良好的职业道德修养。潜水员只有将职业理想定位在为社会贡献力量的方向上，他才能拥有豁达的情怀和良好的心态，才不至于为得失所牵累，才能在自我牺牲的同时促进自我进步，才有可能在为社会作出贡献中使自我价值得以实现。职业道德修养高的人

不会把职业道德看作是外在于人的规范，而是个体德行本身，是个体人格的重要组成部分，它使人的品性得到升华。

无数实践证明，是否具有高尚的职业道德品质，是个人成才与否的重要因素之一。因此，每个励志成才的青年，都应高度重视自己的道德修养，平时养成良好的行为习惯，逐步培养和锻炼优秀的职业道德品质，形成高尚的职业理想和情操。

第二节　潜水员职业道德修养的内容

由上所知，潜水员加强职业道德修养具有重要意义，然而，在职场领域中，潜水员需要遵循哪些职业道德规范呢？结合潜水职业的特点，我们归纳为 20 个字：爱岗敬业、诚实守信、团结合作、遵纪守法、乐于奉献。

一、爱岗敬业：潜水员职业之魂

敬业作为一种职业精神，是职业活动的灵魂。它是潜水员做好工作、取得事业成功的前提条件，同时也关系到每一个部门事业的发展壮大。

潜水职业作为一个高负荷、严要求的行业，对潜水员的工作技能提出了较高要求。同时，特殊的工作环境往往使得潜水也成为一种高危职业。随着改革开放的深入以及国民经济的迅速发展，国人的就业机会大大增加，岸上职业日渐丰富，收入也逐步提高，潜水职业昔日“高收入”的优势也逐渐消失，潜水员的职业忠诚度受到较大影响。因此，培养潜水员的敬业精神，具有重要的现实意义。

所谓敬业，即尊重、尊崇自己的职业和岗位，以恭敬和负责的态度对待自己的工作，做到工作专心、严肃认真、精益求精、尽职尽责，要有强烈的职业责任感和职业义务感。敬业精神是人们基于对一件事情、一种职业的热爱而产生的一种全身心投入的精神，是社会对人们工作态度的一种道德要求。培育潜水员的敬业精神，需要突出以下几方面内容。

1. 牢固树立职业理想

职业理想是敬业精神的思想基础。每位潜水员都应把自己的职业看成是为社会做贡献，为人民谋福利，为单位创信誉的光荣岗位，看成是社会、单位运转链条上的重要环节。只有这样才能树立起富有时代精神、健康向上的职业理想和目标，并以最顽强、最持久的职业追求把它落实在职业岗位上。

2. 准确设定岗位目标

高标准的岗位目标是干好本职工作，争创一流的动力。有了岗位目标，才能做到勤业精业，在本职工作岗位上创造性地开展工作。

3. 大力强化职业责任

发挥本职和岗位的职能、保持职业目标、完成岗位任务的责任，遵守职业规则程序、承担职权范围内社会后果的责任，实现和保持本岗位、本职业与其他岗位职业有序合作的责任，是职业责任的全部内涵。职业责任是主人翁意识的体现，作为企业的一员，应视单位发展为己任，自觉履行职业责任和义务。

4. 自觉遵守职业纪律

职业道德规范，单位的各项规章制度，是职业纪律的内容，精心维护、模范执行是维护单位正常工作秩序的重要保证。

5. 不断优化职业作风

职业作风是敬业精神的外在表现。敬业精神的好坏决定着职业作风的优劣，而职业作风的优劣又直接影响着单位的信誉、形象和效益。从某种意义上讲，职业作风关系到单位的兴衰成败、生死存亡。优化职业作风，就要反对腐败和纠正行业不正之风，以职业道德规范职业行为。

6. 全面提高职业技能

单位内部要营造浓厚的学习氛围，促使潜水员不断掌握新技术、新工艺，不断增加技术业务能力的储备，不断更新知识结构，不断提高管理水平，成为本单位的业务骨干和技术尖兵，以过硬的职业技能实践敬业精神，为国家做贡献，为企业创效益、树信誉、争市场。

二、诚实守信：潜水员立业之本

诚实守信，即诚信，是人们在社会交往中待人接物的一种基本道德要求，更是个人职业生涯中的一种重要道德资本，被称为公民的第二个“身份证”。何谓诚信？即待人处事真诚、老实、讲信誉，言必信，行必果，一诺千金。在职场生活中，诚信是潜水员职场生涯的生存力和发展力。与其他职场人一样，大多数潜水员都期待能在职场上大有作为，成就一番事业。然而，事业有成，不仅得益于机遇、知识、才干等，也取决于个人的工作态度、品德、价值观等，其中具有诚信之德则是事业发展的促发器。正如古人所云“进学不诚则学杂，处事不诚则事败，自谋不诚则欺心而弃己，与人不诚则丧德而增怨。”

具体来说，践行诚信之德，潜水员应该如何做呢？

首先，应该尊重事实。这就需要潜水员在工作中，坚持原则，不为个人利害关系所左右，主动担当，不自保推责。

其次，要做到真诚不欺。这要求潜水员对待工作，不弄虚作假，踏实肯干，不避重就轻；对待同事，以诚相待，不欺上瞒下。

最后，讲究信用，维护信誉。在职场生活中，信用表现在择业、从业以及离职的全过程中，是个人信用道德品质在职业生活中的体现。这要求潜水员在职业生涯中，能够讲究信用，并要注意维护自己和集体的信誉，将“信誉至上”牢记心中。

三、团结合作:潜水员职业之需

合作是职业道德建设的重要内容。在职业领域中,团结合作意味着潜水员在工作中,要互相支持,互相配合,顾全大局,明确工作任务和共同目标,在工作中尊重他人,虚心诚恳,积极主动协同他人搞好各项事务。

潜水作业是一项高风险的工作,既需要潜水员有较高的独立作业能力,同时也要求潜水员具有较好的团结合作品质。在潜水作业过程中,特别是饱和潜水时,几名潜水员集体生活居住在狭小的潜水舱数天,甚至数月,来共同完成统一的作业任务,这就需要潜水员有较好的团队协作精神。另外,潜水员在水下作业过程中,需要完全依赖岸上潜水保障人员为他们提供生活、医疗等保障服务,这也要求潜水员精诚协作,对同事充分信任,以共同完成作业任务。

在职场领域中,要实现团结合作,潜水员需要做到以下几点:

(1)求同存异。在工作中学会换位思考,理解他人;胸怀宽广,学会宽容;和谐相处,密切配合。

(2)互助协作。潜水员之间需要相互帮助、相互配合、共同努力来完成任务。

(3)公平竞争。合作并不意味着不能有竞争。在团队内部倡导公平竞争,能激发团队成员比、学、赶、帮、超的氛围,也能为个人才能的发挥创造条件。

四、遵纪守法:潜水员职业的保证

所谓遵纪守法,指的是每个从业人员都要遵守纪律和法律,尤其要遵守职业纪律和与职业活动相关的法律法规。它包括劳动纪律、组织纪律、财经纪律、群众纪律、保密纪律、宣传纪律、外事纪律等基本纪律要求以及各行各业的特殊纪律要求。职业纪律的特点是具有明确的规定性和一定的强制性。

遵纪守法对于潜水员来说,具有重要意义。这是由潜水职业的特殊性决定的。潜水员下水作业时,如果不遵守操作规则和相关的职业纪律,发生操作错误,很可能会导致危及自身生命安全、甚至累及其他潜水员的安全事故。因此,可以说,遵纪守法是潜水员从业的必要保证。

【生命的教训】

破坏规则致残

Antonio,一个刚刚完成混合气体培训的狂热技术潜水员,Juan 是他的潜伴,一个有丰富经验的技术潜水教练。两名潜水员都 40 岁出头,健康状况良好。

Juan 和 Antonio 在大西洋水深 235 英尺的水域进行沉船潜水。他们计划 20min 潜到 210 英尺的主甲板。他们主要使用混合气体,用 32% 氮氧气体探索潜点,100% 纯氧气做减压停留。

当潜水员下降到沉船位置时,Antonio 的主要潜水灯失灵了。他没有备用潜水灯,但还是决定继续潜水。当他们接近船舶的桅杆时,Antonio 与沉重的单丝线纠缠在一起,Juan 花了几分钟削剪才让他重获自由。

当他们最终登上沉船甲板,Antonio 发现他的混合主气只剩下 500 磅。事故的压力增加了 Antonio 的焦虑,他的呼吸频率高到令人无法接受的水平。他需要立刻上升。

Juan 意识到他们没有时间游回锚线,所以他立即展开提升袋作为水面标记和开放水域上升线。然而线却缠住了 Juan 的装备,拖了他一段距离之后,他终于把线理顺。恢复自由的 Juan 回到沉船却无法找到 Antonio。短暂的搜索后,他别无选择,只能开始上升并开始减压程序。

显然,Juan 的上升袋出现问题让 Antonio 惊慌失措,他的潜水完全失控。他的电脑显示,他从 230 英尺的最大深度直接上升到水面,省略至少39min的强制减压。顶着下降流回到船上,当Antonio示意船员他遭遇了严重DCS(自由潜水减压症)需要寻求帮助时,他已经痛苦万分。

神经医学检查表明,Antonio腰部以下完全瘫痪。船上的其他船员立即给他施氧,联系了EMS并通知减压舱即将有送达的病人。急救人员把Antonio送当地商会,立即接受高压氧治疗。经过一系列的六个疗程治疗,Antonio恢复行走能力,但只能依靠辅助设备。他的持久性的局部麻痹,可能永远不会得到治愈,并伴有膀胱控制问题和性功能障碍。

对这起潜水安全事故进行分析发现,是潜水员违反了一些技术潜水的规则。包括第一个也是最重要的一个:任何潜水员可以在任何时间,以任何理由叫停潜水。当Antonio的潜水灯失灵,他没有备份,潜水应该终止。光线不足的深度肯定增加了Antonio的焦虑水平,使他卷入单丝线。纠缠是潜水团队另一个应该终止潜水的关键点——或者至少在继续潜水之前检查他们的氧气供应。

无论是Antonio还是Juan,他们都未能遵循三分之一法则。气体管理法则要求潜水员用三分之一的氧气上升和下降,使用三分之一探索潜点,并持有三分之一的储备来应对突发事件。如果他们严格依据他们的训练进行潜水,团队会在Antonio仅剩下500主磅主气体前结束潜水。

对Antonio造成严重伤害的原因是由于省略了减压,尽管他的呼吸调节器能正常工作,他浮出水面时探索用的气瓶里还剩500磅主气体和1 200磅氧气——足够完成他的一些必需的减压停留。在这种情况下,Antonio的恐慌让他忘记了训练规则,使他急于上升到水面。

——内容转载自网站:http://www.FunDiving.com

然而,具体来说,潜水员应该如何践行遵纪守法这一职业规范呢?

首先,应该认真学习岗位规则。潜水工作是一项专业性极强的职业,潜水员需要对岗位规则进行认真、反复的学习和研读,要完整、准确、细致地把握岗位规则。

其次,需要执行操作规程。“纸上得来终觉浅,绝知此事要躬行。”潜水员在正式潜水作业前,需要认真演练操作规程,牢记操作要点。在正式潜水过程中,也不能因为自己潜水技术熟练而掉以轻心。

最后,则是遵守行业规范。行业规范往往是集中本行业长期实践经验,经过科学总结、梳理,形成的一套反映本行业职业特点、规律和内在要求的规矩。在实践过程中,潜水员需要熟悉行业规范、理解行业规范、遵守行业规范。

五、乐于奉献:潜水员职业的升华

在社会主义职业道德建设中,奉献社会是社会主义职业道德的最高境界和最终目的。奉献社会就是要履行对社会、对他人的义务,自觉、努力地为社会、为他人做出贡献。当社会利益与局部利益、个人利益发生冲突时,要求每一个从业人员把社会利益放在首位。

奉献社会是一种对事业忘我的全身心投入,这不仅需要有明确的信念,更需要有崇高的行动。当一个人任劳任怨、不计较个人得失、甚至不惜献出自己的生命从事于某种事业时,他关注的其实是这一事业对人类、对社会的意义。

具有奉献精神的人,从事工作的目的,不是为了个人的名利,也不是为了家庭的名利,而是为了有益于他人、人民、社会、国家和民族。奉献是在自始至终贯穿着敬业等优良职业道德品质长期积累的基础上产生的。在我们国家,像雷锋、孔繁森、李国安、范匡夫等同志,之所以受到社会尊敬,就是因为他们在各自的工作岗位上默默地为社会作出了无私的奉献。

对潜水员来说，如何践行奉献这一职业道德规范？我们认为，这仍需要与自身的职业结合起来，敬业和奉献是紧密联系在一起的。

（1）尽职尽责。即要求潜水员根据自身的岗位职责和要求，全力做好本职工作，努力担负应有的责任，精益求精；培养职责情感，热爱本职工作；全力以赴地工作，圆满完成工作任务。只有尽职尽责，潜水员才有可能在自己的岗位上作出成绩；否则，如果连本职工作都做不好，奉献就变成了一句空话。

（2）尊重集体。这就要求潜水员坚持整体利益至上的道德原则，胸怀全局、大公无私、以整体利益为重。具体来说，就是忠诚所在单位，以单位利益为重，处处为单位着想，为单位发展贡献自己的力量。“皮之不存毛将焉附？”这一道理应该植根于每个潜水员心中。

（3）为人民服务。这不是一句空洞的口号，应该成为潜水员工作的目标。对潜水员来说，确立为人民服务的道德规范，对于自己认真工作，实现人生价值，具有非常重要的意义。这就要求潜水员树立为人民服务的意识，增强为人民服务的荣誉感，提高为人民服务的本领。

第三节 潜水员职业道德修养的途径与方法

职业道德修养渗透、贯穿于整个职业生涯之中。职业道德修养没有止境，需要用一生的精力不断加强，才能达到目的。作为一种自律行为，职业道德修养关键在于“自我锻炼”和“自我改造”。任何一个从业人员，职业道德素质的提高，一方面靠他律，即社会的培养和组织的教育；另一方面就取决于自己的主观努力，即自我修养。两个方面是缺一不可的，而且后者更加重要。下面我们就从潜水员个人角度，谈谈潜水员职业道德修养的途径和方法。

一、提高职业道德认知水平

潜水员需要加强理论学习，提高职业道德的认知水平，即致知。致知是《大学》中“八条目”之一，是要深刻认识和把握各种伦理道德规范的过程。潜水员在提升自己道德修养的过程中，要善于学习和思考人生哲理和做人的道德，准确地理解职业道德规范的内在合理性，恰当地把握好自己在作业劳动中的伦理位置，培养趋善避恶的道德意向及情感，选择恰当的职业行为。

二、强化职业道德情感

职业道德情感是潜水员选择职业行为的直接动因。高尚的职业道德情感促使潜水员对善的职业行为倾心向往，努力效仿，对不道德的职业行为则厌恶、憎恨，努力避免。不良的职业道德情感则让人在职业活动中是非不分、善恶不明、美丑不辨，导致错误的职业行为发生。

潜水员的职业道德情感不是与生俱来的，他需要从业人员注重从中国优秀传统道德中汲取营养，积极体验，自我调节，最终逐步巩固和发展高尚的职业道德情感，遏制和抛弃错误的职业道德情感。

另外，职业道德情感也有赖于潜水员对道德行为的直接体验。潜水员只有在职业活动中积极体验，才能积累基本的职业道德情感，形成对职业行为的正确判断。

三、历练职业道德意志

职业道德意志在职业道德修养中起着重要作用，是职业道德情感转化为职业道德行为的桥梁。潜水员在职业活动中履行道德义务时，经常面临着各种矛盾和冲突，尤其是在社会主义市场经济条件下，物质的诱惑、不良风气的影响、歪曲的价值观等都在考验着潜水员的道德品质。因此，潜水员需要在社会主义市场经济环境中历练自己的职业道德意志,加强职业道德修养。

历练职业道德意志,古人常用的方法是内省,《论语》中就有"吾日三省吾身"的说法。所谓内省,即对自己内心的省视、审查,是一种自律心理,也是一种自觉的自我反省精神。内省是道德修养的态度,又是道德修养的方法。通过内省,深刻反思自己的言行举止,待人接物,继而做出自我评价,自我批判,自我调控,从而达到自我提高。内省,要严于解剖自己,关键在于提高自觉性;要找出自己最应记取的道德准则、至理名言作为自己的座右铭,时时对自己"耳提面命",激励自己按照这些准则、信条去做。实践证明,只有认真总结经验,自觉内省,潜水员才能明确今后改进、发展的重点和方向。

如果说内省是一种内心的自律,那么慎独则是侧重于外在行为的一种理性约束,是道德主体的"自我立法"和"自我监督"。慎独要求一个人在没有别人在场和监督的情况下,能够严格要求自己,谨慎注意自己的思想行为,不做违犯法纪和不道德的事情,做到表里如一,内外一致。慎独要求潜水员在"隐""微""恒"上下功夫。杜绝人前道貌岸然,人后卑鄙丑恶的两面派作风。慎独需要很高的自觉性,要达到这种道德境界是不易之事,非一朝一夕能成,必须经过一个从不自觉到自觉的长期艰苦的磨炼过程。

四、践行职业道德行为

践行是社会主义职业道德修养的目标和归宿。加强潜水员职业道德修养,最终需要通过职业道德行为来体现。潜水员不仅要通过理论学习来分清是非,更重要的是要求身体力行,用这些认知指导自己的行动,培养自己的良好品行。就像我国著名教育家蔡元培先生指出的那样,"道德不是熟记几句格言就可以了事的,要重在实行"。

践履是将道德观念、道德规范和道德理想付诸实践的过程。

马克思认为,理论和实践相结合才是最根本的道德修养方法。只有在改造客观世界的实践活动中,才能改造主观世界;只有在现实的与他人相处的道德关系中,才能改造自己的道德品质。人们只有在社会实践中,在各种现实的人际关系中,才能认识到自己的哪些行为是道德的,哪些行为是不道德的。脱离了社会实践活动,就无法进行道德修养。因此,潜水员要在自身职业中践行职业道德,坚持理论修养与实践体现相结合的原则,这是潜水员职业道德修养的有效途径。

参考文献

[1] 叶素贞,曾振华. 情绪管理与心理健康[M]. 北京:北京大学出版社,2007.

[2] 郭德俊,刘海燕,王振宏. 情绪心理学[M]. 北京:开明出版社,2012.

[3] 黄希庭. 心理学导论[M]. 北京:人民教育出版社,2001.

[4] 王有权. 航海心理学[M]. 辽宁:大连海事大学出版社,2007.

[5] 范士儒. 交通心理学教程[M]. 北京:中国人民公安大学出版社,2007.

[6] 弗兰克·哈多克. 意志力训练手册[M]. 北京:中国发展出版社,2005.

[7] 李军,顾鸿. 海员心理健康指导[M] . 南京:南京大学出版社,2010.

[8] 严进. 现代应激理论概述[M]. 北京:科学出版社,2008.

[9] 张本. 心理应激与精神医学[M]. 赤峰:内蒙古科学技术出版社,2007.

[10] 孙学礼. 医学心理学[M]. 成都:四川大学出版社,2003.

[11] 姜乾金. 医学心理学[M]. 北京:人民卫生出版社,2005.

[12] PhillipL. Rice. 健康心理学[M]胡佩诚,等,译. 北京:中国轻工业出版社,2000.

[13] 梁宝勇. 精神压力、应对与健康、应激与应对的临床心理学研究[M]. 北京:教育科学出版社,2006.

[14] 罗伯特·彭斯. 缓解紧张处理应激增进健康 10 法[M]. 北京:新华出版社,2005.

[15] 李强. 我国乒乓球运动员职业生涯发展与规划研究[D]. 上

海:北京体育大学,2007.
[16] 黄俊毅,沈玉华,胡潇文. 大学生职业生涯规划[M]. 北京:清华大学出版社,2010.
[17] 黄希庭. 人格心理学[M]. 杭州:浙江教育出版社,2002.
[18] 叶奕乾. 现代人格心理学[M]. 上海:上海教育出版社,2011.
[19] 陈仲庚. 人格心理学[M]. 沈阳:辽宁人民出版社,1986.
[20] 斯特里劳. 气质心理学[M]. 沈阳:辽宁人民出版社,1987.
[21] 俞国良. 社会心理学[M]. 北京:北京师范大学出版社,2006.
[22] 乐国安. 社会心理学[M]. 北京:中国人民大学出版社,2009.
[23] 刘志红,王辅贤. 社会心理学[M]. 北京:中国劳动社会保障出版社,2007.
[24] 梁津安. 幸福心理学[M]. 西安:西安电子科技大学出版社,2012.
[25] 韩永红. 论自我教育[M]. 哈尔滨:黑龙江教育出版社,2012.
[26] 朱建军. 走出迷惘增强你的人格魅力[M]. 合肥:安徽人民出版社,2009.
[27] 郑全全,俞国良. 人际关系心理学[M]. 北京:人民教育出版社,1999.
[28] 陆卫明,李红. 人际关系心理学[M]. 西安:西安交通大学出版社,2006.
[29] 覃琥云,张艳萍. 人际沟通[M]. 北京:科学出版社,2003.
[30] 赵瑛. 人际交往与沟通[M]. 北京:中国人民大学出版社,2008.
[31] 马如娅. 人际沟通[M]. 北京:人民卫生出版社,2006.
[32] 代朝霞. 人际交往中的100个心理策略[M]. 北京:中国华侨出版社,2009.
[33] 朱智贤. 心理学大词典[M]. 北京:北京师范大学出版社,1989.

[34] 李建周. 心理训练[M]. 北京:教育科学出版社,1992.
[35] 姜正林. 航海医学[M]. 北京:科学出版社,2012.
[36] 陶恒沂. 潜水医学[M]. 北京:高等教育出版社,2005.
[37] 吴均林. 医学心理学[M]. 北京:高等教育出版社,2013.
[38] 杨艳杰. 护理心理学[M]. 北京:人民卫生出版社,2013.
[39] 徐学俊. 心理健康导论[M]. 武汉:华中科技大学出版社,2009.
[40] 蔡婧,邓宏宝,戴家隽,等. 潜水员认知能力特征初探[J]. 交通医学,2010,24(1):29-32.
[41] 陶恒沂,刘志宏,陶凯忠,等. 潜水员的心理素质及其专业水平的相关性[J]. 中华航海医学与高气压医学杂志,2003,10(4):196-199.
[42] 王华容,戴家隽,等. 职业潜水员个性品质特点调查与分析[J]. 中国职业医学,2009,12(6):473-475.
[43] 余浩. 海军潜水员工作能力评价研究[D]. 上海:华东师范大学,2001.
[44] 余浩,肖卫兵,等. 潜水员心理素质研究综述 [J]. 心理科学,2003,9(26):860-863.
[45] 李业玺. 采取有效措施增强新潜水员心理素质[J]. 政工学刊. 2013,1(1). 54-55.
[46] 林颂欣,杨德恭,陶恒沂. 海洋工程医学[M]. 北京:海洋出版社,1999.
[47] http://www. moc. gov. cn/中华人民共和国交通运输部职业资格中心. 潜水员职业标准(送审稿). 2014,11.
[48] 中华人民共和国潜水员管理办法,交通部 1999 年第 3 号令发布,自 1999 年 11 月 1 日起施行.
[49] 马海鹰,吴宁等. 团体心理干预对模拟 450m 深潜潜水员人际关系的影响[J]. 解放军医学杂志,2012,37(5):528-531.